林楚旭 著

情景记忆法

羊城晚报出版社
·广州·

图书在版编目（CIP）数据

情景记忆法 / 林楚旭著 . — 广州 : 羊城晚报出版社 , 2018.7
ISBN 978-7-5543-0326-9

Ⅰ . ①情… Ⅱ . ①林… Ⅲ . ①记忆术
Ⅳ . ① B842.3

中国版本图书馆 CIP 数据核字 (2016) 第 148765 号

情景记忆法
Qingjing Jiyi Fa

策划编辑 高 玲
责任编辑 高 玲 王 瑾 廖文静
特约编辑 林镇伟 邵月霞
装帧设计 谭 江
责任技编 张广生
责任校对 麦丽芬
出版发行 羊城晚报出版社（广州市天河区黄埔大道中 309 号羊城创意产业园 3-13B 邮编：510665）
发行部电话：（020）87133824
出 版 人 吴 江
经　　销 广东新华发行集团股份有限公司
印　　刷 广州市岭美彩印有限公司
规　　格 787 毫米 ×1092 毫米 1/16 印张 11.5 字数 230 千
版　　次 2018 年 7 月第 1 版 2018 年 7 月第 1 次印刷
书　　号 ISBN 978-7-5543-0326-9
定　　价 39.80 元

前言

何为记忆能力呢？记忆力是每个正常人都具有的一种自然属性与潜在能力。记忆力与其他能力一样，它完全可以通过教育训练激发出来，并在实践中不断得到提高和发展。普通人与天才之间并无不可逾越的鸿沟！

在近几年热播的《最强大脑》节目上，我们看到许多天才人物展现了惊人的记忆力。其中许多冠军学员都来自同一个地方——新思维教育机构！更惊人的是，2014 年，江苏卫视《最强大脑》节目 15 名学员中，就有 12 名学员来自“新思维”。

新思维教育机构究竟是一种怎样的存在？为什么能培养出如此多的优秀学员？

这是一个致力并专注提升孩子的综合竞争能力，塑造与训练孩子更强的记忆力，拥有 15 年辅导经验的教育机构。它还是团中央授牌的青少年培训基地，中国教育十大影响力品牌，最具创新力中国教育集团，百万读者推崇的课外辅导机构……

《最强大脑》第一届脑王王峰、“中国记忆神童”倪梓强、第21届世界脑力运动锦标赛有史以来年龄最小的冠军董迅、“世界记忆大师”袁文魁、至今保持几项世界记忆纪录的郑才千、打破中国人在世界脑力锦标赛上没有金牌的吴天胜……这些人无一例外都参加了我们的新思维辅导班，在这里进行了全面系统的记忆法和思维导图的学习。科学的教学方法，促进左右脑的联动发展，使他们充分发挥了实力，获得了成功。

而手头这本书便是由新思维教育集团董事长，同时也是首届中国教育科学管理人物、广州市全脑教育研究会会长、第十九届世界脑力进步锦标赛组委会主席的林楚旭先生为希望提高记忆力的人群撰写的专业教材。学好本书，你将与“天才”更近一步！那到底有哪些记忆法可以帮助我们迅速记下大量信息呢？

记忆法分为很多种，有时候当记忆对象必须按照顺序记忆时，那么数字代码就应运而生。可想而知，数字在我们的生活里扮演了非常重要的角色，这本书中从1至100具体对数字代码的运用进行了讲解。在这个基础上，很多记忆都呈现出一种井然有序的状态，但是在记忆的发展过程中，常常很多貌似清晰的记忆会变得模糊不清，如果说数字记忆法开启了大脑的一扇门，那么这时候就需要定位法帮助大脑来检索再现另一扇门。

在这本书中，可以用身体、物品、地点以及熟语等定位法来将大脑的记忆重现激活。但是，我们常常会发现，在生活中很多事物的呈现状态并非井然有序，对于杂乱无章的记忆对象，我们就要在以上记忆法激活大脑之后，开始运用更复杂的记忆法来探究更高深的记忆奥秘。于是联想法便势如破竹地涌现出来，这本书里主要运用了简单联想法和故事联想法，它们都是非常生动地调动了大脑的组织细胞，让所有杂乱的记忆变得清晰可记。

当然，在联想的厚积薄发后，有些事物的记忆非常抽象，这就不仅仅是联想可以将其攻克的，那么这个时候本书就让替代法大显神通，最主要的两种方法是谐音替代法和省略替代法，它们精妙地将记忆之法合理转化，使得记忆活灵活现并趣味横生。

总之，数字代码来报到，定位检索来指路，联想之法来帮忙，替代再现来收尾。这样的新思维大脑记忆成为一个层层递进的系统，让大脑记忆在不断地更新中得到一次最大的升华。

现在，就让我们翻开本书，跟随新思维的老师一起，开始神奇的大脑训练之旅吧！

检索记忆奇象——郑才千

2008年4月，郑才千在新思维经过半年的专业培训后，10月参加巴林的世界脑力锦标赛，发挥出了训练水平，顺利获得三个“世界记忆大师”有效积分，取得了“世界记忆大师”的称号，也是当年世界上最年轻的“世界记忆大师”（19岁）。2010年，他参加第19届世界脑力锦标赛，刷新三项亚洲纪录。2013年2月6日在东南卫视节目《超人来了》上，郑才千先后展示了公元前5000年到公元10000年日历的记忆、几万字的《唐诗三百首》的记忆，震惊全场。而在2014年江苏卫视的《最强大脑》节目中，郑才千挑战项目：在两块由5000块魔方组成的墙上，由任意嘉宾上台，在右边的墙上随机挑选一个魔方，让它九个空格中的一个变换掉颜色，也就是说，需要他找出1/45000的不同！在这样一个挑战项目中，他凭借自己超乎常人的大脑两次将不同的色块成功找出。

至今，郑才千保持几项纪录：15分钟记忆人名头像150个，15分钟记忆随机词组183个，5分钟记忆历史年代82个，一小时记忆数字1899个。

攻克记忆魔咒——袁文魁

2008年9月，袁文魁被选拔进入第17届世界记忆力锦标赛中国代表队。10月11日他抵达广州，和其他选手开始了紧张的训练。郭传威老师的沉稳，苏锐乔、郑才千等超过纪录的“非人类”成绩，还有中学生短时间到达大师水平的神速，都让他觉得有压力。此时的袁文魁“快速数字”可以5分钟记到360个，“快速扑克”记忆时间也只须花40多秒，“马拉松数字”和“马拉松扑克”也可以记到1800个和19副，但他明白只有“状态好”才有可能拿奖。在一次次艰苦的练习中，他逐渐感觉到，“享受比赛”的重要性大于“赢得比赛”。“即使比赛没有拿奖，甚至‘世界记忆大师’也失手，我也要学会微笑面对，去享受这个过程，去经历这份成长。”这是比赛之前，袁文魁对自己说的。

功夫不负有心人！在第17届世界记忆力锦标赛上，他以在一小时内正确记忆1308个无规律数字，一小时内正确记忆14副洗匀的扑克牌，62秒内正确记忆一副扑克牌的成绩，获得“世界记忆大师”称号！要知道，此次比赛仅有三名新“世界记忆大师”诞生。

剑指记忆巅峰——倪梓强

倪梓强，1997年12月生，高中就读于江苏省海门中学，2009年在我们新思维教育开始学习全脑记忆，在进行全面系统的全脑记忆培训之后，连续5年参加了世界脑力锦标赛，总获得了9金5银2铜的好成绩，曾被誉为中国的记忆神童。

2013年8月，在广州举行的第22届世界脑力锦标赛中国区总决赛中，倪梓强凭他过人的方法，夺得少年组冠军，代表中国参加11月伦敦的世界赛。2013年12月，在刚结束的英国伦敦第22届世界脑力锦标赛中，倪梓强夺得少年组3项单项冠军，其中两项成绩在包括成人选手在内的世界排名第六和第七，实现了中国选手在这一赛事中的新突破。

倪梓强在2014年参加江苏卫视《最强大脑》，晋级赛于2月14日播出，挑战赛第一期于2月28日播出。倪梓强在节目里展示了不可思议的“雷达”技能：他短时间内记住了32对双胞胎的脸，在双胞胎们瞬间打乱顺序后，倪梓强顺利完成了“双胞胎连连看”。最终，他以超强实力晋级中国12人战队，代表中国“最强大脑”与国外选手PK。在与德国选手的PK中，倪梓强完成了变态道具“清明上河图”的细节记忆，不负众望获得胜利。倪梓强在比赛中展现了与年龄不符的沉稳和谦逊。

突破世界纪录——薛贤锋

薛贤锋出生在广东梅州市一个普通的家庭，因为记忆力不好只考上了一所专科学校，在读期间一个偶然的机会，接触了新思维情景记忆法，用短短的十几分钟就记下了三十六计，这件事让他欣喜若狂，于是他开始接受系统科学的记忆训练。

2016年薛贤锋开始参加世界脑力锦标赛，第一场广州城市赛就获得了人名头像第十名。几个月后他参加广州高校记忆联盟联赛，打败了许多来自名校的学生，一举获得总冠军。2017年是薛贤锋辛苦努力后的丰收年：6月份第二次参加广州高校记忆联盟联赛，再次获得总冠军，他是目前唯一一位蝉联两年总冠军的学生；12月份获得“世界记忆大师”称号并获得学校的特长奖。值得一提的是，这一年10月，薛贤锋的快速扑克牌记忆以19.482秒的成绩打破了当时的世界纪录——他创造了历史，成功迈入世界记忆一流高手的行列。

如今，有着超凡记忆力的薛贤锋，完成了人生的蜕变，他2天记住1000个大学英语四级单词，4天记住国学经典《道德经》，并做到倒背如流。他顺利进入了两个要求IQ极高的高智商协会，同时受到了河北卫视《我中国少年》节目的录制邀请。少年智则国智，少年强则国强！他就是冉冉升起的记忆明星——薛贤锋。

“泡单词”优秀培训讲师——张青青

张青青，新思维教育集团“情景记忆法”的优秀培训师，“泡单词”的优秀培训讲师。

她曾经用3天的时间做到将大学英语四级单词倒背如流，还运用情景记忆法和十大单词记忆法帮助学生快速攻克雅思、托福、GRE、SSAT、大学英语四六级、研究生入学等考试的英语单词。在她的帮助下，许多记不住英语单词的学生做到了轻松记单词、快乐记单词！甚至有同学做到了一天记忆500个单词，两周内快速记忆托福核心单词，托福考试取得115分的好成绩！除此之外，她辅导过的中小学生仅用了8小时就掌握了一个学期的单词；小学生、初中生和高中生均可以在一周内攻克小升初、中考和高考核心单词！

星级人气导师——刘彩丽

刘彩丽，广东河源人，2016 年 7 月份接触新思维，大三参加了两期集训营的助教工作，发现对新思维记忆法有浓厚的兴趣，2017 年 6 月毕业之后至今一直在新思维公司任职记忆法讲师，本人不仅是记忆法的受益者，还培训了多名优秀学员。

子墨同学，四年级上学期上了刘老师的 8 小时课程之后，就能将该学期必须掌握的英语单词倒背如流，自己也能够灵活运用泡单词记忆法，并且提前在暑假将五年级单词通通掌握，期末考试英语得了 100 分，子墨同学特地来校区找到彩丽老师当面感谢，表示暑假还要再上彩丽老师的课程。林同学，六年级，平时英语成绩 30 分左右，上了一期彩丽老师的同步英语课程后，期末考成绩上升到 71 分，林同学妈妈特地发来感谢信——感谢彩丽老师让女儿重获学习英语的信心。诸如此类的例子数不胜数。刘老师“最受学生喜爱的星级人气导师”的称号实至名归！

目录

第一章 全脑奇象之记忆入门

第二章 井然有序之数字代码

第三章 记忆模糊之定位帮忙

第一章

全脑奇象之记忆入门

记忆术包括两部分：

1. 信息的储存和编码
2. 对储存信息的回忆

第一节 记忆术及记忆效果

记忆术　又称记忆法，是指记忆的方法或手段。即通过人为的努力，运用各种技巧对信息进行主动加工，令其方便记忆的方法，其作用是加强对记忆信息的储存和回忆。

记忆术从人类智慧开始之际不断完善，最终形成了一套完整的体系，并包含了一系列科学的训练方法。了解、学习并使用记忆术不仅能提高记忆力和学习能力，还能提高人的注意力、观察力、想象力、创造力和思维能力。而向大家介绍、讲解记忆术的原理和使用方法，并提供有效的训练途径，从而让每一位读者都拥有超群的记忆力正是这本书的写作目的。

如何加强记忆效果

左右脑齐上阵 与记忆术的使用联系最紧密的是人的大脑。因此，在具体学习各种记忆术之前，我们不妨先来了解一下人类大脑的构成及其工作原理，以便在学习的过程中让我们的大脑科学、高效地工作，以达到最佳记忆效果。

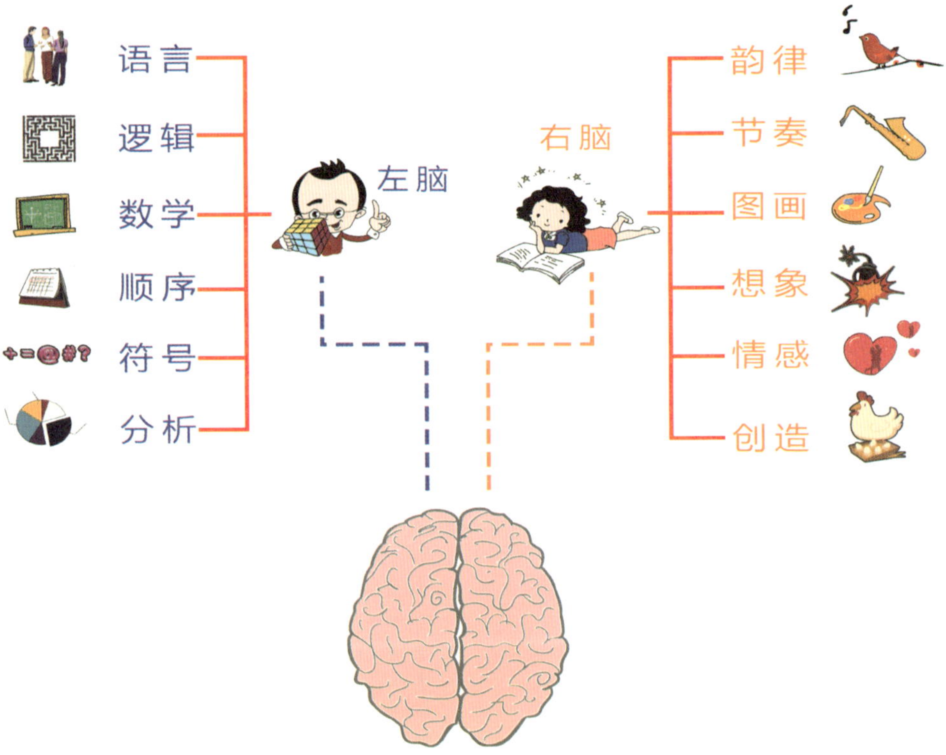

左脑：语言、逻辑、数学、顺序、符号、分析

右脑：韵律、节奏、图画、想象、情感、创造

左右脑分工制

一、人脑的构造

直到 20 多年前科学家们才发现，人类原来有两个大脑，而不是一个，两个大脑分别控制着不同的智力区域。加利福尼亚理工学院的学者罗杰 · 斯伯雷因为这一发现赢得了 1981 年度的诺贝尔医学奖。

人的左脑和右脑由一种叫作“胼胝体”的极为复杂的神经细胞网络连接。左右脑的结构相近，功能却相去甚远，分别管理着不同类型的精神活动。

左脑主要处理逻辑、词汇、列表单、数字、线性和分析等所谓“学术”性活动，而右脑主司节奏、想象、色彩、幻想、空间感、完全形态和维度等。

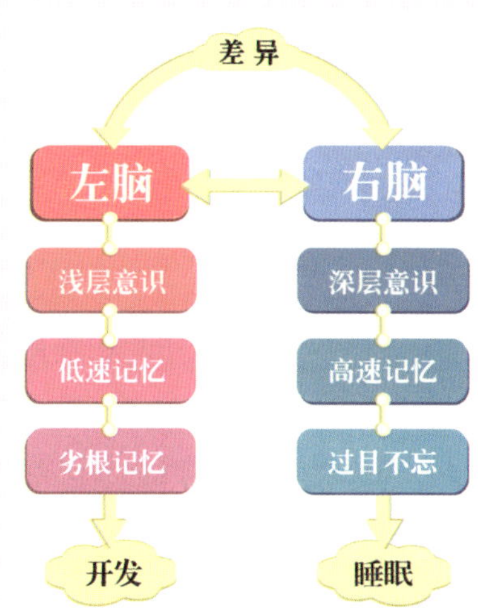

二、大脑的使用情况：右脑开发不足

罗杰 · 斯伯雷的这一理论被继承并不断地加以发展。科学家进一步发现，人类的大脑分为左右两个半球，浅层意识位于左半球，深层意识位于右半球。深层记忆回路和右脑连接在一起，一旦打开了这个回路，深层记忆回路就会和右脑的记忆回路连接起来，形成一种“优质”记忆。

左脑的记忆回路是低速记忆，而右脑的记忆回路却是高速记忆。左脑记忆是一种“劣根记忆”，而右脑记忆拥有“过目不忘”的本事，令人惊叹。虽然人类拥有这么神奇的右脑，绝大多数人却只使用靠“劣根记忆”来工作的左脑，右脑大部分时间都处于“睡眠状态”。

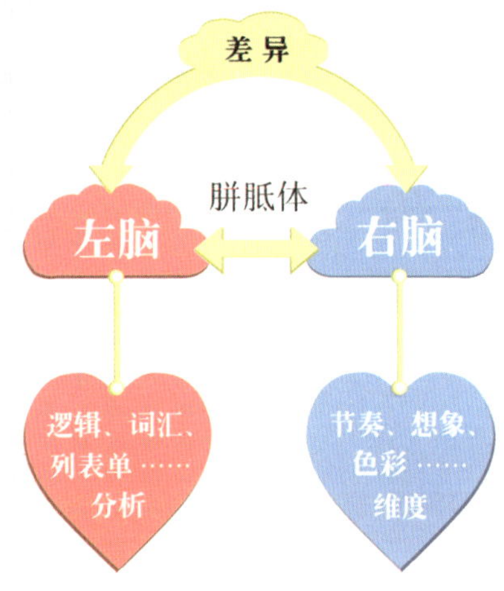

从孩提时代起，我们的左脑就率先被开发和利用。在学校中，体现左脑功能的行为更受重视，如果学生们在口头表达、识字、读书、计算、逻辑推理、分析能力等方面表现良好，总是能够轻易得到鼓励和表扬。右脑功能的开发和利用则被放到了次要的位置。美术、舞蹈、音乐、体育等同语言学习和逻辑推理不甚相关的活动虽然也被认为有益于身心健康，能够陶冶情操，但往往在“应试教育”的压力下处于可有可无的地位，导致学生的右脑处于“沉睡”状态。

可以毫不夸张地说，长久以来人们一直在错误地使用自己的大脑。右脑最重要的贡献是创造性思维。右脑发达的人的知觉、想象力、空间感和把握全局的能力通常要强一些，肢体动作也相对敏捷。这类人在思考时通常不拘泥于局部的分析，而是纵观全局，靠大胆猜测跳跃式地前进，达到直觉的结论。直觉思维甚至可以变成一种先知能力，指引人们预测未来的变化，预先做出重大决策。

三、左右脑综合作用才能拥有好记性

可以说，记忆术是一门集创造和联想于一身的艺术。

使用记忆方法离不开语言的运用，因此可以认为记忆是左脑性的活动；然而，记忆也离不开图像，所以记忆又是右脑性的活动。

在利用记忆方法听和看时，听到和看到的内容会被有意识地转化成图像，然后再被记忆，这一过程会大大开发我们的右脑。

任何一种记忆方法都具有实用价值，然而每种方法也都有各自的优势和不足。在实际应用中理应根据个人的年龄特点和学习内容灵活地加以选择，或将几种方法综合运用，或将某个方法进行变通，使其更切合实际。

促进记忆的二因素

了解了掌握记忆术的工具——大脑后，我们就要进入具体的学习阶段了。在正式开始系统训练各种记忆术之前，我们还要做一些必要的准备，将身心调整到最佳状态，以便在训练中取得尽可能多的收获。具体来说，以下两个能够促进增强记忆力的因素是必不可少的：

一、自信

自信最能激发人的潜力。狄摩西尼斯曾经为口吃而苦恼，但是充分的自信加上比别人多数倍的努力使他成为古希腊著名的雄辩家。

自信是积极情绪状态的具体表现之一。积极的记忆情绪和情感，比如：自信、兴趣、时间紧迫感、平静、愉悦、爱好、迷恋等，具有“增力”作用，能够激发和维持认识和意志活动，使大脑皮层神经在活动过程中变得兴奋，进而促进人的注意力和记忆力，产生活跃的联想和创造思维，提高记忆的效率。

而消极的记忆情绪和情感，如自卑、沮丧、厌倦、紧张、焦虑等，具有“减力”作用，会令大脑皮层的神经活动受到抑制，甚至引发心理障碍，导致注意力涣散，让记忆和思维处于被动状态，本来熟记的东西都有可能会被遗忘。

二、记忆脑波

在解开人脑之谜的道路上，近年备受瞩目的研究方式之一是脑电波分析。这种方法在一定程度上清晰地展现了人类精神活动与大脑间的关联。

脑电波，顾名思义，就是可以用仪器记录下来的脑细胞活动的电波。人的大脑像棵花椰菜，大脑皮质（又称灰质）相当于花椰菜绿色的部分，它包覆在髓质（又称白质）的外围。灰质由六层100亿至300亿个神经元细胞体组成，彼此之间有着错综复杂的联结，以细胞膜上的电位变化来交换信息，互相联络。

1. 脑波的四种类型

1929年，德国精神病学家汉斯·勃格尔用脑电波记录仪观测到了大脑皮层的生物电活动，根据脑电波频率和振幅的不同，可以将正常的脑电波分成α波、β波、θ波和δ波四类，如下图所示：

	α 波	β 波	θ 波	δ 波
别称	脑动力波	紧张波	入睡波	熟睡波
频率	8~12Hz	12~30 Hz	4~8 Hz	0.4~4 Hz
表现与作用	人的意识最清醒，身体最放松，人脑最活跃，思维最敏捷；它是提供意识和潜意识的桥梁，是进入潜意识的唯一有效途径，能够促进灵感的产生，加速信息的收集，增强记忆力，是学习与思考状态的最佳脑电波。	人的身体处于紧张状态，能量消耗较大，人很快就会感到疲惫。适量的紧张波能提高注意力，并为应对外部的突发事件做好防御准备。	这时身体不断放松，开始进入一个似睡非睡的状态。此时，人容易接受外界的暗示性信息，有利于帮助我们将资料储存起来用作长期记忆。	此时人处于深度睡眠状态。人的睡眠质量的好坏，与熟睡波有着直接的关系。熟睡眠是一种不做梦而且很深沉的睡眠状态。

2. 产生记忆脑波的方法

综上所述，α 波是沟通意识与潜意识的桥梁，是打开右脑超级记忆宝库的钥匙。可以说，α 波是最适合学习的脑电波，它能够大大提高我们学习和阅读的注意力，让我们更有效地吸收外界的资讯。这一结论通过在爱因斯坦博士工作时对其脑电波进行检验亦得到了证实。那么，什么样的行为可以促进 α 波的产生呢？

（1）听音乐

节奏接近于人的心跳速率的音乐可以让大脑消除紧张，集中注意力，增强大脑活动，这个方法在西方已经得到了普遍应用。

音乐的节奏太快容易让人紧张不安，太慢则会令人产生疑惑，只有选择节奏合适的音乐才能达到最佳效果。这么一来，好像选择合适的音乐是个大工程呢……不用担心，我们已经帮大家找到了一种符合要求的音乐——巴洛克音乐。

在 16~18 世纪，音乐家巴赫、维奥蒂、特勒曼、亨法尔等创造了一种速度缓慢的音乐，每分钟 60 拍，人们把这种音乐命名为巴洛克音乐。巴洛克音乐的节奏正好与 α 波相同，听这种音乐可以使人消除紧张感，集中注意力，有利于学习。

下面给大家推荐一些适合产生 α 波的名曲：

《长笛与竖琴协奏曲》	莫扎特
《G 弦上的咏叹调》	巴赫
《蓝色的多瑙河》	约翰·施特劳斯
《月光》	德彪西
《夜曲》	肖邦

小提示 所谓的“听”，就是不要有意识地去思考和分析，而是让音乐自然地流入你的大脑，用我们的右脑通过直觉感知音乐，从而打开潜意识的大门，产生 α 波。若是开始分析音乐的节奏或是音乐表达的意思，起作用的就是左脑了。这样一来，音乐就无法在你的潜意识中发挥应有的作用了。

（2）动静呼吸

呼吸是人体与自然界最基本的物质交换方式，它对生命的重要性远远超过了饮食。不吃不喝，人可以存活 6 天左右，但要是停止呼吸，人在 6 分钟内就会死亡。呼吸流畅能给血液补充足够的氧气，支持人体的正常运作。大脑最重要的营养就是氧气，而正确的呼吸手段会使大脑产生 α 波。

呼吸主要有两种方法：胸式呼吸法和腹式呼吸法。胸式呼吸法是一种浅式呼吸法，吸气时你会感到胸部扩大，肩膀上耸。采用这种方法呼吸肺活量小，肺组织利用率低，无法大量吸入新鲜空气。腹式呼吸法是一种深式呼吸法，采用这种呼吸法吸气时你会感到腹部凸起，吐气时腹部会自然凹下。这种呼吸法消耗的能量少，能够加强肺部下半部的换气，最大限度地利用肺组织，充分进行气体交换，大量吸入新鲜空气。

下面要为大家介绍的动静呼吸法，也就是腹式呼吸法中的一种。

● 准备阶段

端坐在椅子上，挺直腰，摆正头部，胳膊和双手自然地放在大腿上，双腿不要交叉，双脚略向外，闭眼。

也可以盘坐在床上，挺直腰，摆正头部，胳膊和双手自然放在大腿上，闭眼。

动呼吸阶段

“一吸四憋二呼吸法”

1. 用鼻子吸一秒氧气，憋气四秒，腹部凸起。2. 用两秒通过嘴把二氧化碳呼出，腹部凹进。

静呼吸阶段

通过动呼吸阶段，马上进入静呼吸阶段。所谓“静”呼吸，就是我们平时使用鼻子呼吸的方法。要领是闭上眼睛，自然放松全身，放松面部肌肉，放松肩部，思想专一，先呼后吸，让大脑“放空”，保持一颗非常平静的心。

积极暗示阶段

经过一段时间的动静呼吸，你会感觉到精力充沛，身心放松，内心平静。这时，你可以给大脑一些积极的暗示，比如“我很健康”，“我很自信”，“我能在众人面前自如地发表演讲”，“我能在一天记忆 300~400 个英语单词”，等等。暗示的同时请进行形象确认，即在大脑中浮现你健康、自信的形象，自如地发表公众演讲的情景，或是一天记忆 300~400 个英语单词的情景，等等。如此一来，这些积极暗示会很容易进入你的潜意识，助你梦想成真。

动静呼吸法将是读者必做的功课之一。建议大家早上起床练习一次，晚上睡觉之前练习一次。每一次练习的时间保持在 15 分钟以上。

通过动静呼吸，记忆者能够在一个平静的记忆心态下进行积极的自我暗示和形象确认，以提高注意力和精力，做好记忆前的心理和生理准备。练习一段时间的动静呼吸之后——通常是一个月后——你还会发现诸如坐立不安、心烦意乱、急躁、遇事紧张等不良情绪开始缓解甚至消退。

第二节
全脑奇象记忆法系统

新思维全脑奇象记忆法　是一种全面运用左脑的语言、逻辑、分析、数学、顺序和符号等抽象思维能力和右脑的节奏、想象、色彩、幻想、空间感、韵律、情感和创造力等形象思维能力，用**奇特的具体图像代替抽象的记忆对象**进行记忆的记忆方法。

全脑奇象既运用了左脑的逻辑思维能力，也运用了右脑的创造力和想象力。它有两个特点：“眼脑直映”和“全脑多像”。简单地说，就是指看到词汇的同时在大脑中浮现出词汇所指代的具体图像，使记忆资料形象化，并在脑内进行有效的网络链接，触类旁通，达到强化左脑逻辑记忆，开发右脑形象记忆，从而引爆全脑多像记忆潜能，进而提高记忆效率。

正如美国著名的记忆术专家哈利·罗莱因所说：“记忆的基本法则是把新的信息联想于已知事物。”其实，养成联想的习惯不仅有助于提高记忆力，也有助于提高观察力、想象力与创新能力。

从 1 到 6，认识全脑奇象记忆系统

全脑奇象记忆系统主要包括六个方面：一个中心，两个基本点，三个代表，四大步骤，五种能力，六项练习。

一、一个中心

有效果比有道理更加重要。

正如邓小平所说，“不管是白猫还是黑猫，抓到老鼠就是好猫”。同理，不管是基于何种原理的记忆方法，能帮我们记得快、记得牢的方法就是好方法。

二、两个基本点

灵活原则和以熟记新原则。

1. 灵活原则

条条大路通罗马，同一种信息可以用多种方法来记忆。因为学校通常要求学生提供“唯一”的正确答案，大多数的学生几年书读下来，思维方式逐渐趋于单一，缺乏多角度思维的习惯。然而，在记忆时思维新一点，灵活一点，记忆的效果会大不相同，我们的创造性思维也会在记忆过程中得到强化。

2. 以熟记新原则

这一原则又包含两个方面：联想原则和理解原则。世界各国顶尖记忆高手对记忆术的总结用一句话就可以简单地概括：如果你想记住什么，你要做的就是将它与已经记住的东西联系起来。

联想，是采用全脑奇象记忆法实现快速记忆的关键。用已有的知识学习新的知识是人类记忆的一条基本规律。我们常说理解之后再记忆会比较容易，就是根据这一规律得出的结论，因为对新知识的理解都是建立在已有的知识基础之上的。

三、三个代表

关键词代表、密码代表、定位代表。

关键词代表：主要针对记忆篇幅较多的内容。记这类东西时我们要善于寻找关键词，通过关键词快速记忆文章。

密码代表：面对一些抽象的、无意义的信息如数字、外语字母等，我们可以用密码来代表待记忆的内容，使信息意义化。这样我们的记忆过程就会变得既轻松有趣，又快速高效。

定位代表：这是为了帮助我们快速地识记、储存和提取信息而建立的储存信息的文档。它使我们的大脑能够对所记的信息更有条理地进行管理和提取。

四、四大步骤

就像做一道菜或是造一条木船一样，记忆也是有步骤的。全脑奇象记忆的过程可以分为四步：

(1) 通读简化　(2) 选择方法
(3) 奇象记忆　(4) 科学复习

通读简化：在记忆任何材料的时候，先快速地浏览一遍，从整体上把握记忆内容，在理解的基础上对记忆的内容进行分析简化，抓住重点，然后记忆。

选择方法：在各种记忆法中灵活选择，以便快速记忆简化后的内容。切不可一拿到材料就毫无技巧、反复机械地记。下文中会针对中文信息、数据信息以及英语单词等不同种类的信息提供很多既高效又有趣的记忆方法。

奇象记忆：也称奇幻联想记忆，是指为了达到良好的记忆效果而人为地制造识记材料间的奇幻联想来进行记忆的方法。它要求记忆者要善于观察，抓住识记信息的某个特点，运用想象力尽可能地使之夸张荒诞、违背逻辑、超脱现实、独特生动，进而给自己的各种感官神经造成强烈冲击，最终在脑中留下深刻的印象。

科学复习：复习其实是一个与健忘作斗争的过程。遗忘是记忆的规律之一，要想将知识精确牢固地保存在记忆中，最有效的方法就是科学复习。科学复习不仅能巩固记忆，而且在复习中通过思考和理解，可以获得新的认识和体会。孔子曰“温故而知新”，说的就是这个意思。

科学复习包括把握科学的复习时间和掌握科学的复习方法两方面。复习在时间上的一个重要原则是及时。很多读者大概都对艾宾浩斯的遗忘曲线规律并不陌生，总的来说，遗忘规律遵循“先快后慢”的原则。这一规律对记忆与学习的指导作用是显而易见的。传统观念认为，复习的次数越多记忆就会越牢固，其实并非如此。复习在“精”而不在“多”，关键是在记忆结束后的 10 分钟至 1 小时内及时进行抢救性的复习。相反，如果在遗忘已经大面积发生后再补救，既浪费时间又收效甚微，学习效果也会大打折扣。

下面介绍一个科学复习的黄金复习律，供大家参考：

第一次复习	10 分钟后	复习 10 分钟
第二次复习	1 天后	复习 2~4 分钟
第三次复习	1 周	复习 2 分钟
第四次复习	1 个月	复习 2 分钟
第五次复习	6 个月	复习 2 分钟
第六次复习	1 年后	复习 2 分钟

在全脑奇象记忆的四大步骤中，第一至三步是针对具体的信息记忆而提出的，第四步是为了巩固记忆成果而提出的。前三个步骤使得记忆的思路清晰，环环相扣，而科学复习使记忆更加深刻。这四大步骤相辅相成，缺一不可。按照这些步骤来记忆，你就可以快乐地记忆并且记得快、记得多、记得牢。

五、五种能力

注意力、观察力、想象力、创造力和转换力。

注意力：注意力是一切记忆的心理基础。注意力不集中是没办法记住任何事情的。全脑奇象记忆法能够让记忆者体会到记忆的乐趣，进而有效地提高记忆者的注意力。

观察力：灵活处理信息的概念使我们可以多角度地看问题，从而多角度地进行记忆。只有在养成观察事物的习惯后，灵活处理信息的能力才能真正派上用场。这一能力在我们记英语单词时显得尤为重要。

想象力和创造力：这两种能力之间存在着相互包容关系。想象不一定就是创造，但创造过程一定离不开想象力。这两种能力极大地影响着记忆法应用的熟练程度。想象力与创造力是无处不在的，我们几乎每时每刻都在运用这方面的能力，但是许多人都更倾向于按照一个固定的模式进行思考。使用想象力和创造力进行记忆时要遵循一个原则：没有对与错，只有有效和无效。在记忆时，夸张和不合乎逻辑的想象都会收到意想不到的效果。

转换力：又称信息转换的能力，是指通过谐音、加减字、倒字、替换、望文生义等技巧把那些抽象的、难以理解的信息转换成具体形象或是可以理解的信息的能力。

六、六项练习

左右脑功能练习（扑克记忆）、数字记忆练习、词汇记忆练习、句子记忆练习、文章记忆练习以及人名相貌记忆练习。

左右脑功能练习与数字记忆练习：主要是竞技性记忆练习，是记忆术的基础技巧，可以训练我们大脑的灵敏度并扩大大脑的记忆容量。

词汇记忆练习：包括中文词汇和英语词汇的练习。这种练习的实用性极强，尤其是英语词汇记忆练习，不仅可以锻炼我们的记忆能力，还可以让我们在较短时间内记住大量单词。

句子与文章的记忆练习：是综合多种记忆术进行记忆的一个系统工程。

人名相貌记忆练习：主要锻炼的是我们的观察力和联想力。

读到这儿，你是不是已经摩拳擦掌，等不及要开始我们的记忆之旅了？先别急，在踏上这趟激动人心的旅途之前，让我们先回顾一下目前为止所学到的内容，你可以把这当成一个实验，测试一下自己的"基准"记忆力有多好。

记忆术从古希腊时期就已经存在并被广泛使用了

全脑奇象记忆法系统

人的大脑由左脑和右脑两部分构成，左右脑功能不同，一般情况下每个人左右脑的发达程度也不同。

在记忆过程中只有左右脑分工合作才能产生最佳效果。

运用全脑奇象记忆法需要做的两项准备（自信＆α 波）。

α 波是最适合学习的脑电波，听巴洛克式音乐和做动静呼吸可以刺激 α 波的产生。

全脑奇象记忆法的六个要点。

Ready？

Let's go！

第三节
记忆入门之玩转人名、扑克牌

人名记忆法 在实际生活中，一个人去了新单位，需要迅速记住同事名字。在饭局、舞会等社交场合，结识新朋友，再遇老朋友，也往往从对方的姓名开始打招呼。新老师,接手新班级需要在最短时间内记住很多同学的姓名。可以说良好的人际关系是从准确记忆并随时叫出对方的姓名开始。

想象一下，在一个高档的酒会上，一位穿着体面、举止优雅的小姐微笑着跟你打招呼，并准确地叫出了你的名字。此刻的你虽然沐浴在美女流转的眼波里，心里却像热锅上的蚂蚁一样煎熬，因为你不记得这位女士的名字了！即使是在对方善意地说明了你们上次见面的时间和地点之后！这时候如果用“如果我没记错的话，您应该不是叫李雷就是叫韩梅梅……”来回答恐怕很不合适。没办法，只好放手一搏：“韩小姐，很高兴再次见到您。”对面的女士愣了一下，回头看了看，仿佛是在确定自己身后是不是还站了别人，然后脸上带着礼貌但略微有些僵硬的笑容回答：“不好意思，我姓张。”

如果你是那个善于记忆人名，在任何情况下都可以和有过一面之缘的人轻松而亲切地打招呼的人，那感觉会有多么不同！在社交、聚会或生意场上能够牢记别人的名字，会让对方有一种被尊重的感觉，从而给别人留下良好的印象，让我们在人际交往中达到事半功倍的效果。

一、人名头像记忆技巧

下面我们就来给大家讲一讲如何快速记人名。

1. 听清楚对方的名字

当别人第一次向你做自我介绍时一定要听清楚名字的发音，如果听不清楚，不妨和对方再确认一次，例如：是双木林吗？是木子李吗？是耳东陈吗？其实，再问一次别人的名字并不是失礼的行为，相反，对方会为你谨慎的态度而感到高兴和被尊重。

2. 联系脸孔和名字

将对方的外形特征与名字进行联系。

周豆豆

例如：这个小女孩的马辫子像很多豆豆串在一起。

3. 把名字变得幽默生动

把对方的名字和名人的名字联系在一起，例如：柳德华与刘德华、黎平与黎明等；还可以用谐音代替原来的名字，例如：林泽旭—林则徐、严婉庄—装碗盐等。

4. 交换名片做记录

在第一次见面时尽量跟对方交换名片，把对方的外形特点记在名片上，以便日后再见时可以把名字和脸“对上号儿”。

二、试一试：人名记忆练习

人名头像记忆是一种熟能生巧的本事，现在我们来试试记忆下面的名字：

朱逸群、杨宜知、秦寿生、严婉庄、殷根发、刘学声、段明、史定一、钟国权、曹达脑、苟学玑

记忆参考：

姓 名	趣味记忆法	姓 名	趣味记忆法
朱逸群	音似“猪一群”	杨宜知	音似“羊一只”
秦寿生	音似“禽兽生”	严婉庄	反过来“装碗盐”
殷根发	反过来“发根烟”	刘学声	音似“留学生”
段 明	音似“断命”	史定一	反过来“一定死”
钟国权	音似“中国拳”	曹达脑	音似“炒大脑”
苟学玑	音似“狗学鸡”		

人名头像记忆练习：

试用人名头像记忆法在两分钟内记忆以下人物。记得要掐时间哦！

陈安迪

李斯特

乔丽

熊安

王朗

尤杰卡

李丽

朱娜

肯特

林达

吴龙

金钟

邹仪

里昂

宋乔

赵莱

答题卷：

时间：

成绩：

扑克牌记忆法　除了针对不同记忆对象的实用性强的记忆法，我们还将为你介绍一个专门锻炼记忆力的训练方法。这个方法虽然不能解决具体的记忆问题，但是可以开发你的左右脑，提高记忆力。

美国记忆研究专家哈利 · 洛雷因有很高超的记忆本领，一次，他让朋友将一副扑克牌洗过后摆在自己面前，看了 30 秒就让朋友把牌按顺序收好。朋友任意说出某一张牌，他马上可以说出这张牌的位置。比如朋友问：“第 32 张牌是什么？”他马上会回答：“是红心 4。”每一次都回答得准确无误。洛雷因怎么会有如此超群的记忆力呢？谜底揭晓之前，我们先来看看扑克牌记忆跟大脑的关系。

前面已经介绍过，让左右脑接受不同的信息刺激，让较强的部分积极参与较弱部分的工作，充分调动左右脑的能量，可以使大脑具有更高的工作效率。可以说左右脑协调是大脑使用的最高准则，而扑克牌训练正是开发左右脑的有效手段。它可以加强上下脑之间的沟通与联系，让意识同潜意识有机地连接在一起，最终实现左右脑的协作。

一、扑克牌代码

扑克牌的玩法数不胜数，给我们的生活带来了很多乐趣。不仅如此，在世界记忆锦标赛上，它也是最能展现参赛选手自我风采的一个表演工具。基于扑克牌的记忆比赛项目有很多，但核心无非是记住每张扑克牌的排序，即每张牌在一副牌中所处的位置。世界记忆力锦标赛的八届冠军多米尼尔 · 奥布来恩由于记扑克牌非常快，被禁止进入欧洲的各大赌场。

大家知道，一副扑克牌共有 54 张，黑桃 ♠、梅花 ♣、红桃 ♥、方块 ♦ 四组各有 13 张，加上大、小王。在世界记忆锦标赛上一般只用除大、小王的 52 张。比赛的基本要求是在 2 分钟内准确地记住 52 张扑克牌的位置。

试想一下，纸牌都是抽象并带有较强干扰性的记忆材料，你哪怕仅仅能记住数字就已经很不容易了，还要区分四种花色，简直是难上加难。如果不事先运用技巧将牌编码，再转化成图像，要达到参赛要求无异于天方夜谭。下面我们就对 52 张扑克牌进行编码，将它们变成具体形象的图像字。

52 张扑克牌的代码

花色	黑桃 ♠	红桃 ♥	梅花 ♣	方块 ♦
牌名	编码			
A	11 筷子	21 鳄鱼	31 鲨鱼	41 蜥蜴
2	12 椅儿	22 双胞胎	32 扇儿	42 柿儿
3	13 医生	23 和尚	33 星星	43 石山
4	14 钥匙	24 闹钟	34 绅士	44 蛇
5	15 鹦鹉	25 二胡	35 山虎	45 师父
6	16 石榴	26 河流	36 山鹿	46 饲料
7	17 仪器	27 耳机	37 山鸡	47 司机
8	18 腰包	28 恶霸	38 妇女	48 石板
9	19 药酒	29 饿囚	39 山丘	49 湿狗
10	10 棒球	20 香烟	30 三轮车	40 司令
J	孙悟空	唐僧	猪八戒	沙僧
Q	貂蝉	王昭君	杨贵妃	西施
K	张学友	刘德华	黎明	郭富城

二、把每张扑克牌跟相应的数字编码相对应

1. 我们可以把每一张扑克牌跟相应的数字编码联系起来记（请参阅本书的数字编码表），这些代码也都很好记。

黑桃♠A 第 1，与数字 11 联系，而 11 的编码是筷子；
红桃♥A 第 2，与数字 21 联系，而 21 的编码是鳄鱼；
梅花♣A 第 3，与数字 31 联系，而 31 的编码是鲨鱼；
方块♦A 第 4，与数字 41 联系，而 41 的编码是蜥蜴；

黑桃♠2 与数字 12 联系，而 12 的编码是椅儿；
红桃♥2 与数字 22 联系，而 22 的编码是双胞胎；
梅花♣2 与数字 32 联系，而 32 的编码是扇儿；
方块♦2 与数字 42 联系，而 42 的编码是柿儿；

黑桃♠10 与数字 10 联系，10 的编码是棒球；
红桃♥10 与数字 20 联系，20 的编码是香烟；
梅花♣10 与数字 30 联系，30 的编码是三轮车；
方块♦10 与数字 40 联系，40 的编码是司令。

2. 对于花色牌 J 、Q、 K，可以根据一定的逻辑给出相对应的编码。

3. 对于数字的编码请参阅本书的数字编码表。

请你一定要熟记每一张扑克牌的编码，记忆时须在脑海中浮现出相应的影像，比如，看到黑桃♠K 就能在大脑中出现张学友的样子，看到方块♦J 就在大脑中想象沙僧的形象。

三、地点定位奇象记忆

记忆扑克牌至少有三种方法，现在为大家介绍的是其中最快速有效的一种——利用地点定位法进行记忆。

所谓定位法就是在大脑中建立一套固定的有序的定位系统，在记忆新知识的时候，通过联想和想象，把知识按顺序储存在与其相对应的定位元素上，从而掌握快速识记、快速保存和快速提取的方法（请参阅本书的地点定位记忆法部分）。用地点作为定位系统是记忆扑克牌最快速有效的方法。

如何构建地点请参阅下文中地点定位那部分内容。假如现在有 10 张扑克牌，它们的先后顺序分别是：黑桃 ♠7、梅花 ♣K、红桃 ♥7、方块 ♦K、黑桃 ♠Q、红桃 ♥6、黑桃 ♠6、方块 ♦7、梅花 ♣6 、黑桃 ♠K 。如何记忆呢？

第一，在大脑中浮现各张牌的图像字及其影像。

第 1 张，黑桃 ♠7：仪器

第 2 张，梅花 ♣K：黎明

第 3 张，红桃 ♥7：耳机

第 4 张，方块 ♦K：郭富城

第 5 张，黑桃 ♠Q：貂蝉

第 6 张，红桃 ♥6：河流

第 7 张，黑桃 ♠6：石榴

第 8 张，方块 ♦7：司机

第 9 张，梅花 ♣6：山鹿

第 10 张，黑桃 ♠K：张学友

第二，选地点。

现在，我们可以用虚拟的一个教室空间进行扑克牌练习（自己训练时，请选择熟悉的、有序的地点）。你可以想象自己走到教室门口，打开门，离门 2 米远的地方是黑板，黑板前面 1 米就是讲台，讲台前面 2 米远的地方是第一排桌子，在教室后面的墙角处有一个垃圾桶……

好，请你闭上眼睛，用你的内视觉去看门、黑板、讲台、桌子、垃圾桶。不用担心自己想不到这些地点，因为只要当过学生的人一定都对教室的布局不陌生。

好，现在我们为这些地点编上序号：

1. 门；
2. 黑板；
3. 讲台；
4. 桌子；
5. 垃圾桶……

第三，动宾联结。

10 张扑克牌，5 个地点，怎么联结？我们可以在每个地点上存放两张扑克牌，第一张必须做出一个动作，而第二张牌必须是这个动作的承担者。

比如：

第 1 个地点是门：第 1 张扑克牌是黑桃 ♠7，代码是仪器，第 2 张牌是梅花 ♣K，代码是黎明。我们可以编一个故事，在门的地点上，门上掉下来的仪器砸到黎明的头。注意记忆的顺序。

第 2 个地点是黑板：第 3 张扑克牌是红桃 ♥7，代码是耳机，第 4 张牌是方块 ♦K，代码是郭富城。我们可以编一个故事，在黑板的地点上，一个大大的耳机挂在郭富城的鼻子上。注意记忆的顺序。

第 3 个地点是讲台： 第 5 张扑克牌是黑桃 ♠Q，代码是貂蝉，第 6 张牌是红桃 ♥6，代码是河流。我们可以编一个故事，在讲台的地点上，貂蝉在河流中洗澡。注意记忆的顺序。

第 4 个地点是桌子： 第 7 张扑克牌是黑桃 ♠6，代码是石榴，第 8 张牌是方块 ♦7，代码是司机。我们可以编一个故事，在桌子的地点上，桌子上的石榴砸到司机的脸。注意记忆的顺序。

第 5 个地点是垃圾桶： 第 9 张扑克牌是梅花 ♣6，代码是山鹿，第 10 张牌是黑桃 ♠K，代码是张学友。我们可以编一个故事，在垃圾桶里，垃圾桶里跑出了山鹿撞到张学友。

第四，试回忆所记忆的扑克牌。

第一个地点是门，门上掉下的 ______ 砸到 ______ 的头。把代码转换为扑克牌，第 1 张扑克牌是 ______，第 2 张牌是 ______。

第 2 个地点是黑板，一个大大的 ______ 挂在 ______ 的鼻子上。把代码转换为扑克牌，第 3 张扑克牌是 ______，第 4 张牌是 ______。

第 3 个地点是讲台，______ 在 ______ 中洗澡。把代码转换为扑克牌，第 5 张扑克牌是 ______，第 6 张牌是 ______。

第 4 个地点是桌子，桌子上的 ______ 砸在 ______ 的脸。把代码转换为扑克牌，第 7 张扑克牌是 ______，第 8 张牌是 ______。

第 5 个地点是垃圾桶，垃圾桶里跑出了 ______ 撞到 ______。把代码转换为扑克牌，第 9 张扑克牌是 ______，第 10 张牌是 ______。

四、练习扑克牌的两个阶段

初级阶段：记忆时，扑克牌——相应的数字编码——编码相应的图像；回忆时，编码相应的图像——相应的数字编码——扑克牌。

高级阶段：记忆时，扑克牌——编码相应的图像；回忆时，编码相应的图像——扑克牌。

在记忆的初级阶段，当你看到扑克牌黑桃 ♠7 时，你会首先想到相对应的数字 17，从而想到数字 17 的代码仪器，然后眼前浮现出仪器的图像。回忆时，必须从仪器的图像想到数字 17，再由 17 想到扑克牌黑桃 ♠7。

而到了记忆的高级阶段，当你看到扑克牌黑桃 ♠7 时，你的脑海里直接浮现出仪器的图像；回忆时，只要看到仪器的图像就会想起黑桃 ♠7。

对于初学者来说，这个过程大概会有点儿麻烦，但这是锻炼我们左右脑最好的手段之一，其间能很好地锻炼我们大脑数字、语言、逻辑、分析、判断、图像、声音、感觉、空间、节奏、想象、创造等各方面的能力。目前，世界记忆锦标赛上已经有选手做到在不到 15 秒内记住一副扑克牌了。只要努力训练，你的大脑也一定能办得到。

五、扑克牌训练的经验之谈

1. 在记忆扑克牌之前，**必须背熟所选择的地点，**最好在脑海中回顾一遍。平时要多读牌，做到看到牌后迅速反应出编码的图像。

记忆法练习

2. 记不清牌一般有两方面原因：

(1) 脑海中没有反应出图像。

(2) 图像与图像之间没形成联结。

3. 练习时务必记下每次读牌或是记牌的时间，以便了解自身的进步情况。

还等什么，赶快拿出秒表，开始轻松而愉快的魔术扑克之旅吧！

现在带领大家一起
快速回忆一下

记扑克牌的方法和步骤

拿出扑克牌中的大、小王。

给 52 张扑克牌编码，一定要熟记每一张扑克牌的编码，记忆时须在脑海中浮现出相应的影像。

运用地点定位法（第三章第四节），打好一些“桩子”。

将扑克牌和“桩子”联系起来，进行记忆。

练习分为初级和高级两个阶段。

第二章

井然有序之数字代码

有些记忆对象需要按照顺序进行记忆，而顺序天然和数字挂钩。漫长的历史就是用数字来进行纪年。数字虽然可以从 0 数到无穷，但在实践中 100 以内的数字就足够使用了。我们下面要介绍的就是运用数字的天然顺序属性帮助记忆的方法——数字记忆法。

定位法作为古希腊圣贤智慧的结晶，其有效性自然毋庸置疑。但当需要记忆的信息条目众多时，用定位法恐怕就会有点麻烦。试想你要记住100个高考文科综合知识考点，可能需要找到十个地点，在每一处地方打十个“桩子”，光是记住这100个桩子就是个大工程了，别说还要在这些桩子上“挂”上100个高考考点了。这种情况下，我们向大家隆重推荐另一个好用的记忆法——数字代码法。

所谓数字代码法，就是以数字作为记忆桩子，把要记的信息以奇特的方式联结在记忆桩上，进行快速记忆的方法。一旦掌握了这个方法，你可以随时随地加以运用，丝毫不受环境或时机的限制。毕竟在任何情况下你都不可能忘记怎么从01数到100，不是吗？

首先，数字代码图像就是把抽象的数字通过谐音或简单联想变成形象的东西。

其次，运用数字代码法有以下几个步骤：

1. 牢记01 ~ 100的数字代码，达到迅速反应出代码图像和对应数字的能力。

2. 运用联想法，联结数字代码图像和所要记忆事物的图像，在大脑中形成影像。影像可以奇特和荒诞，奇特的想象有助于影像的记忆（详细解释见第四章第一节“联想记忆法”）。

3. 按数字代码顺序，结合奇特影像，回忆记忆事物。按数字代码逆序，结合奇特影像，倒背记忆事物。

下文将会讲解从01开始的前100个数字的记忆方法，请务必保持耐心哦！只有将这些记忆桩子掌握熟练才会熟能生巧，快速地掌握记忆的方法。

第一节 数字代码 1 ~ 50

一、数字代码 01 ~ 10

1. 从 01 数到 10，从“大树”想到“棒球”

熟记以下 01 ~ 10 的数字代码，记忆的时候须在脑海看到代码的图像。

01 = 大树　02 = 铃儿　03 = 凳子

04 = 汽车

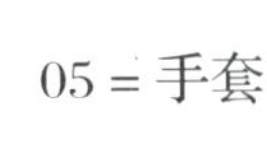

05 = 手套

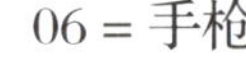

06 = 手枪

07 = 锄头　08 = 轮滑　09 = 猫　10 = 棒球

2. 代码讲解：数字 01 ~ 10，形似最重要

“大树”的样子与“01”相似，当你看到“大树”很容易就会想到“01”，因此“大树”作为“01”的代码。

“铃儿”的音似“02”，当你看到“铃儿”就很容易想到“02”，因此“铃儿”作为“02”的代码。

“凳子”有 3 条腿，因此我们用“凳子”作为“03”的代码。

“汽车”有 4 个轮子，就用它做“04”的代码。

“手套”有 5 个手指套，当你看到“手套”就很容易想到“05”，拿它做“05”的代码正合适。

“左轮手枪”里有 6 发子弹，因此我们用“手枪”做“06”的代码。

“锄头”看上去像数字“07”。

“轮滑鞋”有 8 个轮子，因此用它做“08”代码。

“猫”在传说中有九条命，当你看到“猫”就很容易会想到“09”，因此“猫”作为“09”的代码。

“棒球”的样子与“10”相像，因此我们就用“棒球”作为“10”的代码。

3. 数字代码、待记信息与联结影像

你还记得 01 ~ 10 数字代码吧？现在，让我们把它们和以下两组文字信息相连接，试着记住它们：

地球	花圈	摇篮	棉被
菜花	柜子	DVD	水泥
牙刷	纸巾		

记忆参考：

Step 1 联结事物与数字代码，形成影像

把要记的事物和数字代码之间，用联想相联结，在大脑中形成影像。如下：

待记信息	数字代码	大脑中的影像
地球	大树	大树上挂着一个地球
花圈	铃儿	花圈上挂满了铃儿
摇篮	凳子	摇篮躺在凳子上睡觉
棉被	汽车	汽车上盖着一张红色的棉被
菜花	手套	手套里包着一个大菜花
柜子	手枪	手枪打碎了柜子
DVD	锄头	锄头捅破了 DVD
水泥	轮滑	轮滑鞋里装满水泥
牙刷	猫	猫拿牙刷刷牙
纸巾	棒球	棒球上贴满纸巾

Step 2 顺着数字代码回忆影像，记忆事物

好！现在我们来回忆一遍，跟着我的提示一起回忆。

首先“01”的代码是大树，树上挂着什么？“地球”。

对，那么“02”的代码是铃儿，什么上挂满了铃儿？“花圈”。

“03”的代码是凳子，谁躺在凳子上睡觉？“摇篮”。

“04”的代码是汽车，汽车上盖着一张什么？“棉被”。

“05”的代码是手套，手套包着一个大什么？“菜花”。

“06”的代码是手枪，手枪打碎了什么？“柜子”。

“07”的代码是锄头，锄头捅破了什么？“DVD”。

“08”的代码是轮滑，轮滑鞋装满什么？“水泥”。

“09”的代码是猫，猫拿什么刷牙？“牙刷”。

“10”的代码是棒球，棒球上贴满什么？“纸巾”。

非常好！从此可以看出记忆是没有好坏之分的，只有训练过和没训练过的区别。任何人参加培训后都可以做到过目不忘甚至倒背如流。

Step 3 按数字代码逆序回忆影像，倒背如流

首先用 10 秒钟回忆一遍“01”至“10”的记忆代码，然后开始倒背以上十件事物。好，回忆完毕，开始倒背：

“10”的代码是棒球，棒球上贴满什么？“纸巾”。

“09”的代码是猫，猫拿什么刷牙？“牙刷”。

“08”的代码是轮滑，轮滑鞋装满什么？“水泥”。

“07”的代码是锄头，锄头捅破了什么？“DVD”。

“06”的代码是手枪，手枪打碎了什么？“柜子”。

“05”的代码是手套，手套包着一个大什么？“菜花”。

“04”的代码是汽车，汽车上盖着一张什么？“棉被”。

“03”的代码是凳子，谁躺在凳子上睡觉？“摇篮”。

“02”的代码是铃儿，什么上挂满了铃儿？“花圈”。

“01”的代码是大树，树上挂着什么？“地球”。

太棒了！是不是觉得不可思议？先不用兴奋，后面还有更精彩的方法，我们继续下面的记忆旅程！

试一试：用 01 ~ 10 数字代码记忆下列名人

拿破仑	孙中山	查理一世	莎士比亚
马可 · 波罗	秦始皇	李世民	忽必烈
阿基米德	玻利瓦尔		

答案填写：　　　　成绩：　　　　时间：

记忆参考：

Step 1 联结事物与数字代码，形成影像

待记信息	数字代码	大脑中的影像
拿破仑	大树	拿破仑抱着一棵大树
孙中山	铃儿	孙中山戴着铃儿闹革命
查理一世	凳子	查理一世坐在凳子上
莎士比亚	汽车	莎士比亚坐在在汽车里写文章
马可 · 波罗	手套	马可 · 波罗带着红色的大手套去旅行
秦始皇	手枪	秦始皇拿着手枪灭掉六国
李世民	锄头	李世民用锄头锄地
忽必烈	轮滑	忽必烈踩着轮滑鞋在草原上奔驰
阿基米德	猫	阿基米德和猫一起抓老鼠
玻利瓦尔	棒球	玻利瓦尔用棒球打玻璃

Step 2 顺着数字代码回忆影像，记忆事物

好！我们来回忆一遍，跟着提示一起回忆。

首先“01”的代码是树，谁抱着一棵树？“拿破仑”。

对，那么“02”的代码是铃儿，谁戴着铃儿闹革命？“孙中山”。

“03”的代码是凳子，谁坐在凳子上？“查理一世”。

“04”的代码是汽车，谁坐在汽车里写文章？“莎士比亚”。

“05”的代码是手套，谁带着红色的大手套去旅行？“马可·波罗”。

“06”的代码是手枪，谁拿着手枪灭掉六国？“秦始皇”。

“07”的代码是锄头，谁用锄头锄地？“李世民”。

“08”的代码是轮滑，是谁踩着轮滑鞋在草原上奔驰？“忽必烈”。

“09”的代码是猫，是谁和猫一起抓老鼠？“阿基米德”。

“10”的代码是棒球，是谁用棒球打玻璃？“玻利瓦尔”。

非常好。

Step 3 按数字代码逆序回忆影像，倒背如流

同样用 10 秒钟时间回忆一遍“01”至“10”的记忆代码，然后开始倒背以上十大人物。好，回忆完毕，开始倒背：

“10”的代码是棒球，是谁用棒球打玻璃？“玻利瓦尔”。

“09”的代码是猫，是谁和猫一起抓老鼠？“阿基米德”。

“08”的代码是轮滑，是谁踩着轮滑鞋在草原上奔驰？“忽必烈”。

“07”的代码是锄头，谁用锄头锄地？“李世民”。

“06”的代码是手枪，谁拿着手枪灭掉六国？“秦始皇”。

“05”的代码是手套，谁带着红色的大手套去旅行？“马可·波罗”。

“04”的代码是汽车，谁坐在汽车里写文章？“莎士比亚”。

“03”的代码是凳子，谁坐在凳子上？“查理一世”。

“02”的代码是铃儿，谁戴着铃儿闹革命？“孙中山”。

“01”的代码是树，谁抱着一棵树？“拿破仑”。

非常好！有些朋友可能在记忆人物姓名时遇到点小困难，没关系，后面会有详细的讲解，我们继续下面的记忆旅程！

二、数字代码 11 ~ 20

1. 从 11 数到 20，从“筷子”想到“香烟”

熟记以下 11 ~ 20 的数字代码，记忆的时候须在脑海看到代码的图像。

11 = 筷子

12 = 椅儿

13 = 医生

14 = 钥匙

15 = 鹦鹉

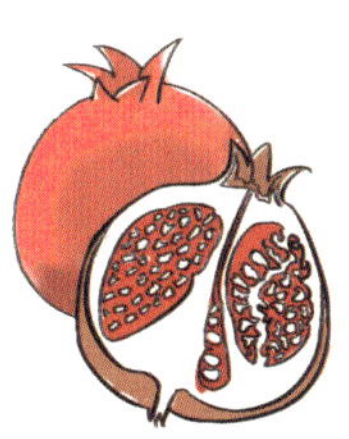

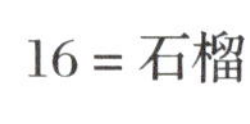

16 = 石榴

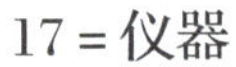

17 = 仪器

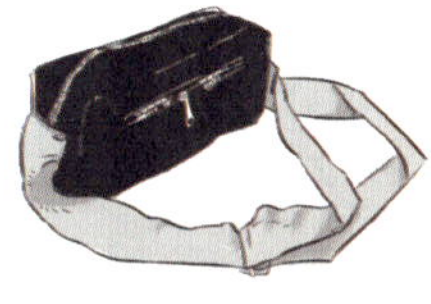

18 = 腰包

19 = 药酒

20 = 香烟

2. 代码讲解：“形似”“音近”两相宜

“筷子”的样子与“11”相似，当你看到“筷子”就很容易想到“11”，因此“筷子”作为“11”的代码。

“椅儿”的音似“12”，当你看到“椅儿”就很容易想到“12”，因此“椅儿”作为“12”的代码。

“医生”的音似“13”，当你看到“医生”就很容易想到“13”，因此“医生”作为“13”的代码。

“钥匙”的音似“14”，当你看到“钥匙”就很容易想到“14”，因此“钥匙”作为“14”的代码。

“鹦鹉”的音似“15”，当你看到“鹦鹉”就很容易想到“15”，因此“鹦鹉”作为“15”的代码。

“石榴”的音似“16”，当你看到“石榴”就很容易想到“16”，因此“石榴”作为“16”的代码。

“仪器”的音似“17”，当你看到“仪器”就很容易想到“17”，因此“仪器”作为“17”的代码。

“腰包”的音似“18”，当你看到“腰包”就很容易想到“18”，因此“腰包”作为“18”的代码。

“药酒”的音似“19”，当你看到“药酒”就很容易想到“19”，因此“药酒”作为“19”的代码。

“香烟”每包有“20”支烟，当你看到“香烟”就很容易想到“20”，因此“香烟”作为“20”的代码。

3. 试用以上数字代码记忆下列事物

苹果	鱼肉	菜刀	皮鞋	鼠标
铅笔	墨水	钥匙	大米	矿泉水

Step 1 联结事物与数字代码，形成影像

待记信息	数字代码	大脑中的影像
苹果	筷子	筷子夹着红苹果
鱼肉	椅儿	椅儿上摆满鱼肉
菜刀	医生	医生拿着菜刀帮病人做手术
皮鞋	钥匙	钥匙掉进皮鞋里面
鼠标	鹦鹉	鹦鹉用鼠标上网
铅笔	石榴	石榴插着一支铅笔
墨水	仪器	仪器扔进墨水里
钥匙	腰包	腰包装着很多钥匙
大米	药酒	药酒里泡着大米
矿泉水	香烟	香烟放进矿泉水里洗

Step 2 顺着数字代码回忆影像，记忆事物

好！我们一起来回忆一遍，跟着提示一起回忆。

首先“11”的代码是筷子，筷子夹着什么？“苹果”。

“12”的代码是椅儿，椅儿上摆满什么？“鱼肉”。

“13”的代码是医生，医生拿着什么帮病人做手术？“菜刀”。

“14”的代码是钥匙，钥匙掉进哪里？“皮鞋”。

“15”的代码是鹦鹉，鹦鹉用什么上网？“鼠标”。

“16”的代码是石榴，石榴插着一支什么？“铅笔”。

“17”的代码是仪器，仪器扔进哪里？“墨水”。

“18”的代码是腰包，腰包装着很多什么？“钥匙”。

“19”的代码是药酒，药酒里泡着什么？“大米”。

“20”的代码是香烟，香烟放进哪里洗？“矿泉水”。

非常好！

Step 3 按数字代码逆序回忆影像，倒背如流

同样用 10 秒钟回忆一遍“11”至“20”的记忆代码，然后开始倒背以上十件事物。好，回忆完毕，开始倒背：

“20”的代码是香烟，香烟放进哪里洗？“矿泉水”。

“19”的代码是药酒，药酒里泡着什么？“大米”。

“18”的代码是腰包，腰包装着很多什么？“钥匙”。

“17”的代码是仪器，仪器扔进哪里？“墨水”。

“16”的代码是石榴，石榴插着一支什么？“铅笔”。

“15”的代码是鹦鹉，鹦鹉用什么上网？“鼠标”。

“14”的代码是钥匙，钥匙掉进哪里？“皮鞋”。

“13”的代码是医生，医生拿着什么帮病人做手术？“菜刀”。

“12”的代码是椅儿，椅儿上摆满什么？“鱼肉”。

“11”的代码是筷子，筷子夹着什么？“苹果”。

太棒了！后面还有更精彩的方法，我们继续下面的记忆旅程！

试一试：用 11 ～ 20 的数字代码记忆下列历史人物

马克思	爱迪生	卡尔 · 本茨	富兰克林
穆罕默德	蒙娜丽莎	伏尔泰	彼得一世
克伦威尔	马丁 · 路德 · 金		

答案填写： 成绩： 时间：

记忆参考：

Step 1 联结事物与数字代码，形成影像

待记信息	数字代码	大脑中的影像
马克思	筷子	马克思用左手拿筷子
爱迪生	椅儿	爱迪生站在椅儿上试验电灯
卡尔·本茨	医生	卡尔·本茨被医生杀死
富兰克林	钥匙	富兰克林用钥匙做闪电实验
穆罕默德	鹦鹉	穆罕默德骑着鹦鹉来到中国
蒙娜丽莎	石榴	蒙娜丽莎吃着石榴在微笑
伏尔泰	仪器	伏尔泰用仪器写出了《老实人》这一伟大作品
彼得一世	腰包	彼得潘拿着腰包飞走了（彼得潘记忆彼得一世）
克伦威尔	药酒	克伦威尔在药酒上刻了轮子
马丁·路德·金	香烟	马丁·路德·金抽着香烟发表了《独立宣言》

Step 2 顺着数字代码回忆影像，记忆事物

好！我们来回忆一遍，跟着提示一起回忆。

首先“11”的代码是筷子，谁用左手拿筷子？“马克思”。

“12”的代码是椅儿，谁站在椅儿上试验灯泡？“爱迪生”。

“13”的代码是医生，谁被医生杀死？“卡尔·本茨”。

“14”的代码是钥匙，谁用钥匙做闪电实验？“富兰克林”。

“15”的代码是鹦鹉，谁骑着鹦鹉来到中国？“穆罕默德”。

“16”的代码是石榴，谁吃着石榴在微笑？“蒙娜丽莎”。

“17”的代码是仪器，谁用仪器写出了《老实人》这一伟大作品？“伏尔泰”。

“18”的代码是腰包，谁拿着腰包飞走了？“彼得一世”。

“19”的代码是药酒，谁在药酒上刻了轮子？“克伦威尔”。

“20”的代码是香烟，谁抽着香烟发表了《独立宣言》？“马丁·路德·金”。

Step 3 按数字代码逆序回忆影像，倒背如流

同样用 10 秒钟回忆一遍“11”至“20”的记忆代码，然后开始倒背以上十大人物。好，回忆完毕，开始倒背：

“20”的代码是香烟，谁抽着香烟发表了《独立宣言》？“马丁·路德·金”。

“19”的代码是药酒，谁在药酒上刻了轮子？“克伦威尔”。

“18”的代码是腰包，谁拿着腰包飞走了？“彼得一世”。

“17”的代码是仪器，谁用仪器写出了《老实人》这一伟大作品？“伏尔泰”。

“16”的代码是石榴，谁吃着石榴在微笑？“蒙娜丽莎”。

“15”的代码是鹦鹉，谁骑着鹦鹉来到中国？“穆罕默德”。

“14”的代码是钥匙，谁用钥匙做闪电实验？“富兰克林”。

“13”的代码是医生，谁被医生杀死？“卡尔·本茨”。

“12”的代码是椅儿，谁站在椅儿上试验灯泡？“爱迪生”。

“11”的代码是筷子，谁用左手拿筷子？“马克思”。

太棒了！相信看完这本书之后，你将是一名记忆高手了。

三、数字代码 21 ~ 30

1. 从 21 到 30，从“鳄鱼”到“三轮车”

记忆的时候须在脑海看到代码的图像。

21 = 鳄鱼

22 = 双胞胎

23 = 和尚

24 = 闹钟

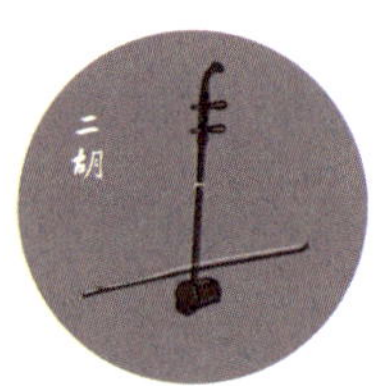

25 = 二胡

26 = 河流

27 = 耳机

28 = 恶霸

29 = 饿囚

30 = 三轮车

2. 代码讲解：从 21 到 30，既有谐音，也有形似

“鳄鱼”的音似“21”，因此“鳄鱼”作为“21”的代码。

“双胞胎”与“22”形态上很像，因此“双胞胎”就作为“22”的代码。

“和尚”的音似“23”，因此用“和尚”作为“23”的代码。

“闹钟”有 24 小时，因此“闹钟”作为“24”的代码。

“二胡”的音似“25”，因此“二胡”作为“25”的代码。

“河流”的音似“26”，因此“河流”作为“26”的代码。

“耳机”的音似“27”，因此“耳机”作为“27”的代码。

“恶霸”的音似“28”，因此“恶霸”作为“28”的代码。

“饿囚”的音似“29”，因此“饿囚”作为“29”的代码。

“三轮车”的音似“30”，因此“三轮车”作为“30”的代码。

3. 试一试：用 21 ~ 30 的数字代码记忆中国古代各行当的“圣人”

文圣——春秋时期的孔子

武圣——三国时期的关羽

诗仙——唐朝李白

诗圣——唐朝杜甫

书圣——东晋王羲之

画圣——唐朝吴道子

医圣——东汉末年张仲景

药王——唐朝孙思邈

茶圣——唐朝陆羽

建筑工匠的祖师——战国初期的鲁班

答案填写： 成绩： 时间：

Step 1 联结事物与数字代码，形成影像

待记信息	数字代码	大脑中的影像
文圣——孔子	鳄鱼	鳄鱼张开血盆大口，要吃掉孔子
武圣——关羽	双胞胎	关羽一挥大刀将一对双胞胎砍为两段
诗仙——李白	和尚	李白与和尚对诗
诗圣——杜甫	闹钟	杜甫猛地将闹钟砸到豆腐上 （"杜甫"与"豆腐"谐音，由豆腐可联想起杜甫）
书圣——王羲之	二胡	王羲之用二胡练书法
画圣——吴道子	河流	吴道子用神笔在河流上描绘风景
医圣——张仲景	耳机	医生站中间用耳机听歌 （"医圣张仲景"与"医生站中间"谐音）
药王——孙思邈	恶霸	孙子请来了孙思邈为恶霸抓药 （孙子与孙思邈同姓，可引起联想）
茶圣——陆羽	饿囚	陆羽拿着一把茶叶戏弄饿囚
工匠祖师——鲁班	三轮车	鲁班用木头做出了一辆三轮车

Step 2 顺着数字代码回忆影像，记忆事物

好！现在我们来回忆一遍，跟着我的提示一起回忆。

首先"21"的代码是鳄鱼，鳄鱼张开血盆大口，要吃掉谁？"孔子"。

对，那么"22"的代码是双胞胎，一对双胞胎被谁砍为两段？"关羽"。

"23"的代码是和尚，和尚与谁对诗？"李白"。

"24"的代码是闹钟，闹钟被谁砸到豆腐上？"杜甫"。

“25”的代码是二胡，谁用二胡练书法？“王羲之”。

“26”的代码是河流，谁用神笔在河流上面描绘风景？“吴道子”。

“27”的代码是耳机，谁用耳机听歌？“张仲景”。

“28”的代码是恶霸，孙子请来了谁为恶霸抓药？“孙思邈”。

“29”的代码是饿囚，饿囚被谁拿着茶叶戏弄？“陆羽”。

“30”的代码是三轮车，谁用木头做出了一辆三轮车？“鲁班”。

Step 3 按数字代码逆序回忆影像，倒背如流

非常好！接下来我们试着倒背一遍。

首先用 10 秒钟回忆一遍“21”至“30”的记忆代码，然后开始倒背以上十大人物。好，回忆完毕，开始倒背：

“30”的代码是三轮车，谁用木头做出了一辆三轮车？“鲁班”。

“29”的代码是饿囚，饿囚被谁拿着茶叶戏弄？“陆羽”。

“28”的代码是恶霸，孙子请来了谁为恶霸抓药？“孙思邈”。

“27”的代码是耳机，谁用耳机听歌？“张仲景”。

“26”的代码是河流，谁用神笔在河流上面描绘风景？“吴道子”。

“25”的代码是二胡，谁用二胡练书法？“王羲之”。

“24”的代码是闹钟，闹钟被谁砸到豆腐上？“杜甫”。

“23”的代码是和尚，和尚与谁对诗？“李白”。

“22”的代码是双胞胎，一对双胞胎被谁砍为两段？“关羽”。

“21”的代码是鳄鱼，鳄鱼张开血盆大口，要吃掉谁？“孔子”。

太棒了！后面还有更精彩的方法，我们继续下面的记忆旅程！

四、数字代码 31 ~ 40

1. 从 31 到 40，从“鲨鱼”到“司令”

记忆的时候须在脑海看到代码的图像。

31 = 鲨鱼

32 = 扇儿

33 = 星星

34 = 绅士

35 = 山虎

36 = 山鹿

37 = 山鸡

38 = 妇女

39 = 山丘

40 = 司令

2. 代码讲解：从“鲨鱼”到“司令”，谐音记仔细

“鲨鱼”音似“31”，因此“鲨鱼”作为“31”的代码。

“扇儿”音似“32”，因此“扇儿”作为“32”的代码。

“星星”音似“33”，因此“星星”作为“33”的代码。

“绅士”音似“34”，因此“绅士”作为“34”的代码。

“山虎”音似“35”，因此“山虎”作为“35”的代码。

“山鹿”音似“36”，因此“山鹿”作为“36”的代码。

“山鸡”音似“37”，因此“山鸡”作为“37”的代码。

“妇女”三八妇女节，因此“妇女”作为“38”的代码。

“山丘”音似“39”，因此“山丘”作为“39”的代码。

“司令”音似“40”，因此“司令”作为“40”的代码。

3. 试一试：用 31 ～ 40 的数字代码记忆世界十大文豪

古希腊诗人荷马

意大利诗人但丁

德国诗人、剧作家、思想家歌德

英国积极浪漫主义诗人拜伦

英国文艺复兴时期剧作家、诗人莎士比亚

法国著名作家雨果

印度作家、诗人和社会活动家泰戈尔

俄国文学巨匠列夫 · 托尔斯泰

苏联无产阶级文学奠基人高尔基

中国现代伟大的文学家、思想家、革命家鲁迅

答案填写：　　　　成绩：　　　　时间：

Step 1 联结事物与数字代码，形成影像

待记信息	数字代码	大脑中的影像
荷马	鲨鱼	荷马想象为河马，鲨鱼和河马在水面戏水
但丁	扇儿	“但丁”谐音“淡定”，特别热的时候有把扇儿就淡定了
歌德	星星	“歌德”谐音“哥的”，哥的星星送给了我
拜伦	绅士	绅士在拜一个轮子（拜一个轮子记忆拜伦）
莎士比亚	山虎	莎士比亚看到可怕的山虎写出了四大悲剧
雨果	山鹿	山鹿在吃下雨后的果子（下雨后的果子记忆雨果）
泰戈尔	山鸡	泰戈尔看见飞的山鸡写出了《飞鸟集》
列夫·托尔斯泰	妇女	列夫·托尔斯泰扇了妇女一巴掌
高尔基	山丘	爬上山丘在高处戴耳机听歌（高处戴耳机记忆高尔基）
鲁迅	司令	鲁迅在呐喊司令

Step 2 顺着数字代码回忆影像，记忆事物

好！现在我们来回忆一遍，跟着我的提示一起回忆。

首先“31”的代码是鲨鱼，鲨鱼与谁在水面戏水？“荷马”。

对，那么“32”的代码是扇儿，特别热的时候有把扇儿就怎样了？“但丁”。

“33”的代码是星星，谁的星星送给了我？“歌德”。

“34”的代码是绅士，绅士在做什么？“拜伦”。

“35”的代码是山虎，谁看到可怕的山虎写出了四大悲剧？“莎士比亚”。

“36”的代码是山鹿，山鹿在吃什么？“雨果”。

“37”的代码是山鸡，谁看见飞的山鸡写出了《飞鸟集》？“泰戈尔”。

“38”的代码是妇女，谁扇了妇女一巴掌？“列夫·托尔斯泰”。

“39”的代码是山丘，爬上山丘干什么？“高尔基”。

“40”的代码是司令，谁在呐喊司令？“鲁迅”。

Step 3 按数字代码逆序回忆影像，倒背如流

非常好！接下来我们试着倒背一遍。

首先用 10 秒钟回忆一遍“31”至“40”的记忆代码，然后开始倒背以上十大文豪。好，回忆完毕，开始倒背：

“40”的代码是司令，谁在呐喊司令？“鲁迅”。

“39”的代码是山丘，爬上山丘干什么？“高尔基”。

“38”的代码是妇女，谁扇了妇女一巴掌？“列夫·托尔斯泰”。

“37”的代码是山鸡，谁看见飞的山鸡写出了《飞鸟集》？“泰戈尔”。

“36”的代码是山鹿，山鹿在吃什么？“雨果”。

“35”的代码是山虎，谁看到可怕的山虎写出了四大悲剧？“莎士比亚”。

“34”的代码是绅士，绅士在做什么？“拜伦”。

“33”的代码是星星，谁的星星送给了我？“歌德”。

“32”的代码是扇儿，特别热的时候有把扇儿就怎样了？“但丁”。

“31”的代码是鲨鱼，鲨鱼与谁在水面戏水？“荷马”。

太棒了！是不是觉得不可思议？先不用兴奋，后面还有更精彩的方法，我们继续下面的记忆旅程！

五、数字代码 41 ~ 50

1. 从 41 到 50，从“蜥蜴”到“武林”

记忆的时候须在脑海看到代码的图像。

41 = 蜥蜴

42 = 柿儿

43 = 石山

44 = 蛇

45 = 师父

46 = 饲料

47 = 司机

48 = 石板

49 = 湿狗

50 = 武林

2. 代码讲解：从“蜥蜴”到“武林”，谐音最好记

“蜥蜴”音似“41”，因此“蜥蜴”作为“41”的代码。

“柿儿”音似“42”，因此“柿儿”作为“42”的代码。

“石山”音似“43”，因此“石山”作为“43”的代码。

“蛇”吐信子的声音与“44”很像，因此“蛇”作为“44”的代码。

“师父”音似“45”，因此“师父”作为“45”的代码。

“饲料”音似“46”，因此“饲料”作为“46”的代码。

“司机”音似“47”，因此“司机”作为“47”的代码。

“石板”音似“48”，因此“石板”作为“48”的代码。

“湿狗”音似“49”，因此“湿狗”作为“49”的代码。

“武林”音似“50”，因此“武林”作为“50”的代码。

3. 试一试：用 41 ~ 50 的数字代码记忆中国十大古典名著

《水浒传》

《三国演义》

《西游记》

《封神演义》

《儒林外史》

《红楼梦》

《镜花缘》

《儿女英雄传》

《老残游记》

《孽海花》

答案填写： 成绩： 时间：

Step 1 联结事物与数字代码，形成影像

待记信息	数字代码	大脑中的影像
《水浒传》	蜥蜴	《水浒传》中的武松打死了蜥蜴
《三国演义》	柿儿	《三国演义》中的关羽劈柿儿
《西游记》	石山	孙悟空从石山破石而出
《封神演义》	蛇	蛇被封为神
《儒林外史》	师父	可以取字头“儒”，想象“朱儒”拜师
《红楼梦》	饲料	贾宝玉在吃饲料
《镜花缘》	司机	取字头“镜”联想，想象司机背后有个镜子
《儿女英雄传》	石板	想象石板上有一个英雄带着儿女在玩儿
《老残游记》	湿狗	老了的残疾的人游历时救助了一条湿狗
《孽海花》	武林	武林盟主在“捏”海花，“捏”谐音“孽”

Step 2 顺着数字代码回忆影像，记忆事物

好！现在我们来回忆一遍，跟着我的提示一起回忆。

首先“41”的代码是蜥蜴，《水浒传》中的谁打死了蜥蜴？对，是《水浒传》的武松。

那么“42”的代码是柿儿，谁劈柿儿？《三国演义》的关羽。

“43”的代码是石山，谁从石山跳出来？《西游记》的孙悟空。

“44”的代码是蛇，蛇被怎么样呢？被封神了，所以是《封神演义》。

“45”的代码是师父，谁在拜师？朱儒，记忆《儒林外史》。

"46"的代码是饲料，谁在吃饲料？《红楼梦》的贾宝玉。

"47"的代码是司机，司机背后有什么？镜子，所以是《镜花缘》。

"48"的代码是石板，石板上有谁？英雄与儿女，记忆《儿女英雄传》。

"49"的代码是湿狗，谁救助了一条湿狗？老了的残疾的人，记忆《老残游记》。

"50"的代码是武林，武林盟主在干什么？"捏"海花，"捏"谐音"孽"，记忆《孽海花》。

Step 3 按数字代码逆序回忆影像，倒背如流

（略）

回忆 01 ~ 50 的数字代码

准备一个秒表，复习一下 01 ~ 50 的数字代码，复习的过程中争取做到对代码脱口而出，同时脑海中浮现出代码的图像。可以参照计分标准给自己打分：

及格——50 秒　　良好——40 秒　　优秀——30 秒

第二节 数字代码 51 ~ 100

一、数字代码 51 ~ 60

1. 从 51 数到 60，从“工人”到“榴莲”

记忆的时候须在脑海看到代码的图像。

51 = 工人

52 = 鼓儿

53 = 乌纱

54 = 巫师

55 = 火车

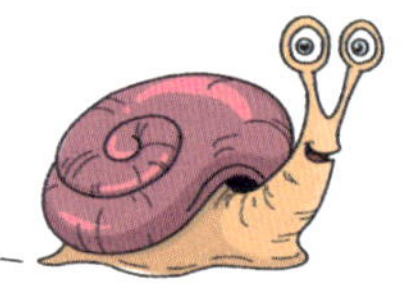

56 = 蜗牛

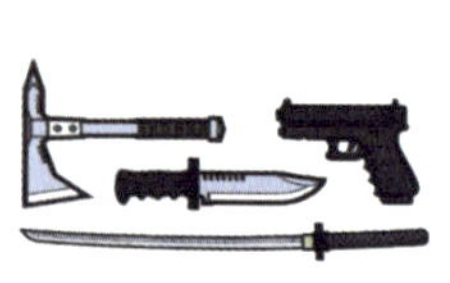

57 = 武器

58 = 尾巴

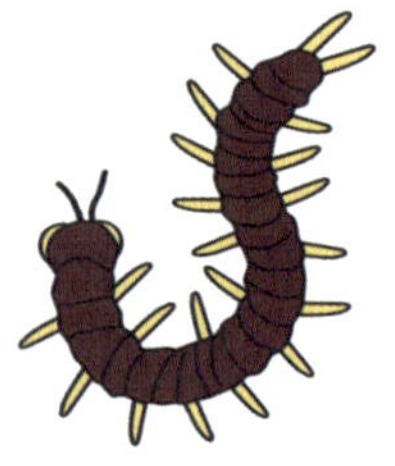

59 = 蜈蚣

60 = 榴莲

2. 代码讲解：从“工人”到“榴莲”，谐音帮大忙

每年5月1日是劳动节，劳动节是抽象的概念，想到劳动节我们就会想到劳动的工人，因此用“工人”代表数字“51”。

“鼓儿”的音似“52”，因此“鼓儿”作为“52”的代码。

“乌纱”的音似“53”，因此“乌纱”作为“53”的代码。

“巫师”的音似“54”，因此“巫师”作为“54”的代码。

老式“火车”行驶时会发出呜呜的声音，因此“火车”作为“55”的代码。

“蜗牛”的音似“56”，因此“蜗牛”作为“56”的代码。

“武器”的音似“57”，因此“武器”作为“57”的代码。武器是一个抽象的概念，可以用一支枪或一门大炮来表示。

“尾巴”的音似“58”，因此“尾巴”作为“58”的代码。

“蜈蚣”的音似“59”，因此“蜈蚣”作为“59”的代码。

“榴莲”的音似“60”，因此“榴莲”作为“60”的代码。

3. 试一试：用51～60的数字代码记忆以下事物

这是王先生某天的行程，他早上要用打印机打印客户资料，接下来去手表店看手表的销售情况，和客户打网球，换上新买的衬衫，给女儿购买新的电子琴，回来的路上顺便去海报店看最新的海报印制情况，回到家后，哄女儿早睡，给她上好闹钟。晚上用沐浴露洗澡，看一场摩托车比赛，给自己的手机用充值卡充值。

从这一天复杂的行程中，可以提炼出以下关键事物：

打印机	手表	网球	衬衫	电子琴
海报	闹钟	沐浴露	摩托车	充值卡

Step 1 联结事物与数字代码，形成影像

待记信息	数字代码	大脑中的影像
打印机	工人	工人在制造打印机
手表	鼓儿	用手表敲鼓儿
网球	乌纱	带着乌纱帽在打网球
衬衫	巫师	巫师用手拧衬衫
电子琴	火车	在火车上弹电子琴
海报	蜗牛	蜗牛在看海报
闹钟	武器（枪）	用枪射击闹钟
沐浴露	尾巴	尾巴上涂满了沐浴露
摩托车	蜈蚣	蜈蚣骑着摩托车
榴莲	充值卡	榴莲上面插着充值卡

Step 2 顺着数字代码回忆影像，记忆事物

好！我们复习一次，“51”的代码是什么？工人，工人在制造什么？“打印机”。

“52”的代码是什么？鼓儿，用什么敲鼓儿？“手表”。

“53”的代码是什么？乌纱，带着乌纱帽在打什么？“网球”。

“54”的代码是什么？巫师，巫师正在用手拧什么？“衬衫”。

“55”的代码是什么？火车，在火车上弹什么？“电子琴”。

“56”的代码是什么？蜗牛，蜗牛正在看什么？“海报”。

“57”的代码是什么？武器（想象为一把枪），用枪射击什么？“闹钟”。

“58”的代码是什么？尾巴，尾巴上面涂满了什么？“沐浴露”。

“59”的代码是什么？蜈蚣，蜈蚣骑什么车？“摩托车”。

“60”的代码是什么？榴莲，榴莲上面插着什么？“充值卡”。

好的，记忆完毕！请闭上眼睛，用最快的速度再回忆一次上面的图像，这样就会记得更牢固了。

二、数字代码 61 ～ 70

1. 从 61 到 70，从“儿童”到“冰淇淋”

记忆的时候须在脑海看到代码的图像。

61 = 儿童

62 = 牛儿

63 = 流沙

64 = 螺丝

65 = 尿壶

66 = 蝌蚪

67 = 油漆

68 = 喇叭

69 = 八卦

70 = 冰淇淋

2. 代码讲解：从“儿童”到“冰淇淋”，既有联想，也有谐音

每年6月1日是儿童节，因此用“儿童”代表数字“61”。

“牛儿”的音似“62”，因此“牛儿”作为“62”的代码。

“流沙”的音似“63”，因此“流沙”作为“63”的代码。

“螺丝”的音似“64”，因此“螺丝”作为“64”的代码。

“尿壶”的音似“65”，因此“尿壶”作为“65”的代码。

“蝌蚪”的样子与“66”相似，因此“蝌蚪”作为“66”的代码。

“油漆”的音似“67”，因此“油漆”作为“67”的代码。

“喇叭”的音似“68”，因此“喇叭”作为“68”的代码。

“八卦”的样子与数字“69”相似，因此“八卦”作为“69”的代码。

“冰淇淋”的音似“70”，因此“冰淇淋”作为“70”的代码。

3. 试一试：用61～70的数字代码记忆以下事物

这是一个家庭主妇一天的购物清单：

茶叶	火腿	面包	抱枕熊猫	手镯
洗衣粉	菜刀	海虾	电冰箱	果汁

Step 1 联结事物与数字代码，形成影像

待记信息	数字代码	大脑中的影像
茶叶	儿童	儿童吃了满嘴的茶叶
火腿	牛儿	牛儿身上挂着一条火腿
面包	流沙	流沙流到了面包上
抱枕熊猫	螺丝	抱枕熊猫在拧螺丝
手镯	尿壶	手镯掉进尿壶
洗衣粉	蝌蚪	蝌蚪在洗衣粉水里活了下来
菜刀	油漆	用油漆刷菜刀
海虾	喇叭	海虾在吹喇叭
电冰箱	八卦	冰箱上挂了八卦图
果汁	冰淇淋	果汁浇在冰淇淋上最好吃

Step 2 顺着数字代码回忆影像，记忆事物

好！我们复习一次：

"61"的代码是什么？儿童，想象儿童吃了满嘴的什么？"茶叶"。

"62"的代码是什么？牛儿，牛儿身上挂着一条什么？"火腿"。

"63"的代码是什么？流沙，流沙流到了什么上面？"面包"。

"64"的代码是什么？螺丝，谁在拧螺丝？"抱枕熊猫"。

"65"的代码是什么？尿壶，什么掉进尿壶？"手镯"。

"66"的代码是什么？蝌蚪，蝌蚪在什么水里存活下来？"洗衣粉"。

"67"的代码是什么？油漆，用油漆刷什么？"菜刀"。

"68"的代码是什么？喇叭，谁在吹喇叭？"海虾"。

"69"的代码是什么？八卦，什么上挂了八卦图？"电冰箱"。

"70"的代码是什么？冰淇淋，什么浇在冰淇淋上最好吃？"果汁"。

好！记忆完毕，现在请闭上眼睛，用最快的速度再回忆一次上面的图像，这样就会记得更牢固了。

再试一试：当需要记忆的对象变得更多的时候

记忆下列20个事物：

坦克	信纸	自行车	拖鞋	电话	水壶	泳裤	茉莉花	闹钟	枕头
衣柜	网球	画板	茶叶	香蕉	板凳	猪手	报纸	席子	扑克牌

答案填写： **成绩：** **时间：**

记忆参考：

Step 1 选取相应的数字代码

有20个记忆事物，那么也选取20个数字代码。在这里，选取51 ~ 70这20个数字代码。要对这20个数字代码十分熟悉。首先，复习51 ~ 70的数字代码，复习的过程中尽量做到不须思考也可以读出并看到代码的图像。

52	66	69	54	59
60	51	57	62	56
53	64	63	68	58
61	55	65	67	70

Step 2 联结事物与数字代码，形成影像

待记信息	数字代码	大脑中的影像
坦克	工人	工人开着坦克
信纸	鼓儿	信纸飞进鼓儿
自行车	乌纱	自行车压坏了乌纱帽
拖鞋	巫师	巫师穿着红拖鞋
电话	火车	火车上打电话
水壶	蜗牛	水壶里飞出蜗牛
泳裤	武器	泳裤里藏着武器
茉莉花	尾巴	茉莉花长出长长的尾巴
闹钟	蜈蚣	蜈蚣手忙脚乱地按闹钟
枕头	榴莲	拿榴莲当枕头
衣柜	儿童	儿童藏在衣柜里
网球	牛儿	牛儿在打网球
画板	流沙	流沙流到画板上
茶叶	螺丝	茶叶制造成螺丝
香蕉	尿壶	尿壶里放着香蕉
板凳	蝌蚪	蝌蚪游到板凳上
猪手	油漆	用油漆煮猪手
报纸	喇叭	用报纸当喇叭
席子	八卦	席子上印着八卦图
扑克牌	冰淇淋	冰淇淋滴到扑克牌上

Step 3 顺着数字代码回忆影像，记忆事物

好！我们复习一次：

“51”的代码是什么？工人，工人开着什么？“坦克”。

“52”的代码是什么？鼓儿，什么飞进鼓儿？“信纸”。

“53”的代码是什么？乌纱，什么压坏了乌纱帽？“自行车”。

“54”的代码是什么？巫师，巫师穿着红色的什么？“拖鞋”。

“55”的代码是什么？火车，在火车上打什么？“电话”。

“56”的代码是什么？蜗牛，蜗牛从哪里飞出来？“水壶”。

“57”的代码是什么？武器（想象一把枪），手枪藏在哪里？“泳裤”。

“58”的代码是什么？尾巴，什么长出长长的尾巴？“茉莉花”。

“59”的代码是什么？蜈蚣，蜈蚣手忙脚乱地按什么？“闹钟”。

“60”的代码是什么？榴莲，拿榴莲做什么？“枕头”。

“61”的代码是什么？儿童，儿童藏在哪里？“衣柜”。

“62”的代码是什么？牛儿，牛儿在打什么？“网球”。

“63”的代码是什么？流沙，流沙流到哪里？“画板”。

“64”的代码是什么？螺丝，什么制造成螺丝？“茶叶”。

“65”的代码是什么？尿壶，尿壶放着什么？“香蕉”。

“66”的代码是什么？蝌蚪，蝌蚪游到什么上面？“板凳”。

“67”的代码是什么？油漆，用油漆煮什么？“猪手”。

“68”的代码是什么？喇叭，用什么当喇叭？“报纸”。

“69”的代码是什么？八卦，什么上有八卦图案？“席子”。

“70”的代码是什么？冰淇淋，冰淇淋滴到什么上？“扑克牌”。

好！记忆完毕，现在请闭上眼睛，用最快的速度再回忆一次上面的图像，这样就会记得更牢固了。

三、数字代码 71 ~ 80

1. 从 71 数到 80，“鸡翼”飞到了“巴黎”

记忆的时候须在脑海看到代码的图像。

71 = 鸡翼

72 = 企鹅

73 = 西餐

74 = 骑士

75 = 西服

76 = 气流

77 = 机器猫

78 = 青蛙

79 = 气球

80 = 巴黎

2. 代码讲解：从“鸡翼”到“巴黎”，统统靠谐音

“鸡翼”的谐音为“71”，因此用“鸡翼”来作为“71”的代码。

“企鹅”的谐音为“72”，因此用“企鹅”作为“72”的代码。

“西餐”的谐音为“73”，因此用“西餐”作为“73”的代码。

“骑士”的谐音为“74”，因此用“骑士”来作为“74”的代码。

“西服”的谐音为“75”，因此用“西服”来作为“75”的代码。

“气流”的谐音为“76”，因此用“气流”来作为“76”的代码。

“机器猫”的前两个字的谐音为“77”，因此用“机器猫”来作为“77”的代码。

“青蛙”的谐音为“78”，因此用“青蛙”来作为“78”的代码。

“气球”的谐音为“79”，因此用“气球”来作为“79”的代码。

“巴黎”的谐音为“80”，因此用“巴黎”来作为“80”的代码。

3. 试一试：用 71 ~ 80 的数字代码记忆以下事物

羽毛球	台灯	相片	电插座	火柴
空调	西瓜	保险柜	乒乓球	项链

Step 1 联结事物与数字代码，形成影像

待记信息	数字代码	大脑中的影像
羽毛球	鸡翼	把鸡翼塞到羽毛球里
台灯	企鹅	企鹅在台灯下看书
相片	西餐	照片里大家都在吃西餐
电插座	骑士	骑士在拔电插座
火柴	西服	火柴点燃了西服

待记信息	数字代码	大脑中的影像
空调	气流	空调吹出来冷的气流
西瓜	机器猫	机器猫在吃西瓜
保险柜	青蛙	把青蛙锁到保险柜里
乒乓球	气球	气球破了里面蹦出了很多乒乓球
项链	巴黎（铁塔）	巴黎铁塔上挂满了项链

Step 2 顺着数字代码回忆影像，记忆事物

好！我们复习一次。

“71”的代码是什么？鸡翼，把鸡翼塞到什么里？“羽毛球”。

“72”的代码是什么？企鹅，企鹅照着什么在看书？“台灯”。

“73”的代码是什么？西餐，什么里大家都在吃西餐？“相片”。

“74”的代码是什么？骑士，骑士正在拔什么？“电插座”。

“75”的代码是什么？西服，什么点燃西服？“火柴”。

“76”的代码是什么？气流，什么吹出冷的气流？“空调”。

“77”的代码是什么？机器猫，机器猫在吃什么？“西瓜”。

“78”的代码是什么？青蛙，把青蛙锁在什么地方？“保险柜”。

“79”的代码是什么？气球，气球破了蹦出很多什么？“乒乓球”。

“80”的代码是什么？巴黎，巴黎铁塔上挂满了什么？“项链”。

好！记忆完毕，请闭上眼睛，用最快的速度再回忆一次上面的图像，这样就会记得更牢固了。

四、数字代码 81 ~ 90

1. 从 81 到 90，“白蚁”不拿“酒瓶”

熟记以下 81 ~ 90 的数字代码，记忆的时候须在脑海看到代码的图像。

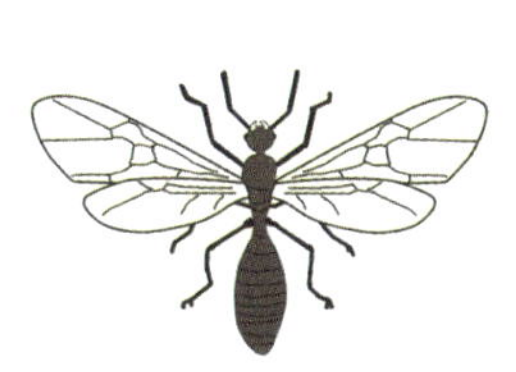

81 = 白蚁

82 = 靶儿

83 = 宝扇

84 = 巴士

85 = 宝物

86 = 八路

87 = 白旗

88 = 爸爸

89 = 芭蕉

90 = 酒瓶

2. 代码讲解：从“白蚁”到“酒瓶”，既有联想也有谐音

“白蚁”的谐音为“81”，因此用“白蚁”来作为“81”的代码。

“靶儿”的谐音为“82”，因此用“靶儿”作为“82”的代码。

“宝扇”的谐音为“83”，因此用“宝扇”作为“83”的代码。

“巴士”的谐音为“84”，因此用“巴士”来作为“84”的代码。

“宝物”的谐音为“85”，因此用“宝物”来作为“85”的代码。

“八路”的谐音为“86”，因此用“八路”来作为“86”的代码。

“白旗”的谐音为“87”，因此用“白旗”来作为“87”的代码。

“爸爸”的谐音为“88”，因此用“爸爸”来作为“88”的代码。

“芭蕉”的谐音为“89”，因此用“芭蕉”来作为“89”的代码。

“酒瓶”的谐音为“90”，因此用“酒瓶”来作为“90”的代码。

3. 试一试：用 81 ~ 90 的数字代码记忆以下事物

荔枝	牙膏	洗发水	热水器
玩具	遥控器	水壶	飞机
木板	杯子		

Step 1 联结事物与数字代码，形成影像

待记信息	数字代码	大脑中的影像
荔枝	白蚁	荔枝上爬满白蚁
牙膏	靶儿	把牙膏射到靶儿上
洗发水	宝扇	用洗发水清洗宝扇
热水器	巴士	巴士撞了一个热水器
玩具	宝物	妈妈的宝物是玩具

待记信息	数字代码	大脑中的影像
遥控器	八路	八路在操作遥控器
水壶	白旗	水壶挂在白旗上
飞机	爸爸	爸爸在飞机上跳伞
木板	芭蕉	把芭蕉钉在木板上
杯子	酒瓶	用酒瓶砸碎了杯子

Step 2 顺着数字代码回忆影像，记忆事物

好！我们复习一次。

“81”的代码是什么？白蚁，什么上爬满了白蚁？“荔枝”。

“82”的代码是什么？靶儿，把什么射到靶儿上？“牙膏”。

“83”的代码是什么？宝扇，用什么清洗宝扇？“洗发水”。

“84”的代码是什么？巴士，巴士撞了一个什么？“热水器”。

“85”的代码是什么？宝物，妈妈的宝物是什么？“玩具”。

“86”的代码是什么？八路，八路在操作什么？“遥控器”。

“87”的代码是什么？白旗，什么挂在白旗上？“水壶”。

“88”的代码是什么？爸爸，爸爸从哪里跳伞？“飞机”。

“89”的代码是什么？芭蕉，把芭蕉钉在哪里？“木板”。

“90”的代码是什么？酒瓶，用酒瓶砸碎了什么？“杯子”。

好，记忆完毕！请闭上眼睛，用最快的速度再回忆一次上面的图像，这样就会记得更牢固了。

五、数字代码 91 ～ 100

1. 从 91 到 100，“球衣”变成“望远镜”

记忆的时候须在脑海看到代码的图像。

91 = 球衣

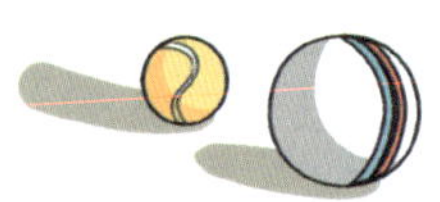

92 = 球儿

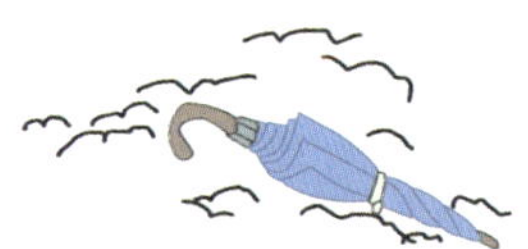

93 = 旧伞

94 = 酒师

95 = 酒壶

96 = 酒楼

97 = 旧旗

98 = 球拍

99 = 舅舅

100 = 望远镜

2. 代码讲解：从“球衣”到“望远镜”，谐音为主，联想为辅

仔细观察以上数字的代码，你会发现大部分都是数字的谐音，但是要注意 00 的形状似望远镜的两个孔，因此，望远镜作为 100 的代码。现在用 1 分钟回忆以上代码。

3. 试一试：从“球衣”到“望远镜”，按顺序记住三十六计前十计

瞒天过海	围魏救赵	借刀杀人	以逸待劳
趁火打劫	声东击西	无中生有	暗度陈仓
隔岸观火	笑里藏刀		

答案填写：　　　　成绩：　　　　时间：

Step 1 选取十个数字代码

要记忆的事物是三十六计中的前十计，我们首先会想到选取 01 ~ 10 的数字代码来进行记忆。除此，同样也可以选取 91 ~ 100 这十个数字代码来进行记忆。下面将示范用 91 ~ 100 来记忆三十六计前十计的方法。

Step 2 联结事物与数字代码，形成影像

待记信息	数字代码	大脑中的影像
瞒天过海	球衣	穿着球衣瞒着天上的战斗机过海
围魏救赵	球儿	十万个球儿围着魏国救赵国公主
借刀杀人	旧伞	用借来的旧伞去杀人
以逸待劳	酒师	酒师拿着酒坐在山顶上以逸待劳
趁火打劫	酒壶	一家卖酒壶的人看见对面的珠宝店着火，马上趁火打劫
声东击西	酒楼	酒楼没生意，伙计们坐着声东击西

待记信息	数字代码	大脑中的影像
无中生有	旧旗	有一个小孩拿着日本旧旗边走边说日本鬼子来了
暗度陈仓	球拍	拿着球拍暗度陈仓
隔岸观火	舅舅	舅舅在隔岸观火
笑里藏刀	望远镜	许世友拿着望远镜看到张春桥笑里藏刀

Step 3　顺着数字代码回忆影像，记忆事物

“91”的代码是球衣，想象穿着球衣瞒着天上的战斗机过海，“瞒天过海”。

“92”的代码是球儿，想象十万个球儿围着魏国救赵国公主，“围魏救赵”。

“93”的代码是旧伞，想象用借来的旧伞杀人，“借刀杀人”。

“94”的代码是酒师，想象酒师拿着酒坐在山顶上以逸待劳，“以逸待劳”。

“95”的代码是酒壶，有一家卖酒壶的人看见对面的珠宝店着火，趁火打劫，“趁火打劫”。

“96”的代码是酒楼，酒楼没生意，伙计们坐着声东击西，“声东击西”。

“97”的代码是旧旗，有一个小孩拿着日本旧旗边走边说日本鬼子来了，“无中生有”。

“98”的代码是球拍，拿着球拍暗度陈仓，“暗度陈仓”。

“99”的代码是舅舅，舅舅在隔岸观火，“隔岸观火”。

“100”的代码是望远镜，许世友拿着望远镜看到张春桥笑里藏刀，“笑里藏刀”。

记忆完毕，非常好！现在闭上眼睛，用最快的速度再回忆一次上面的图像并大声读出来，你会轻而易举地记住三十六计前十计。

接下来复习一遍 01 ～ 100 的数字代码并写下你的联想方式；
数字代码记忆测试：01 ～ 100 的数字代码的联想方式

数字	语言代码	联想方式
01	大树	
02	铃儿	
03	凳子	
04	汽车	
05	手套	
06	手枪	
07	锄头	
08	轮滑	
09	猫	
10	棒球	
11	筷子	
12	椅儿	
13	医生	
14	钥匙	
15	鹦鹉	
16	石榴	
17	仪器	
18	腰包	
19	药酒	
20	香烟	
21	鳄鱼	
22	双胞胎	
23	和尚	
24	闹钟	

数字	语言代码	联想方式
25	二胡	
26	河流	
27	耳机	
28	恶霸	
29	饿囚	
30	三轮车	
31	鲨鱼	
32	扇儿	
33	星星	
34	绅士	
35	山虎	
36	山鹿	
37	山鸡	
38	妇女	
39	山丘	
40	司令	
41	蜥蜴	
42	柿儿	
43	石山	
44	蛇	
45	师父	
46	饲料	
47	司机	
48	石板	

数字	语言代码	联想方式
49	湿狗	
50	武林	
51	工人	
52	鼓儿	
53	乌纱	
54	巫师	
55	火车	
56	蜗牛	
57	武器	
58	尾巴	
59	蜈蚣	
60	榴莲	
61	儿童	
62	牛儿	
63	流沙	
64	螺丝	
65	尿壶	
66	蝌蚪	
67	油漆	
68	喇叭	
69	八卦	
70	冰淇淋	
71	鸡翼	
72	企鹅	
73	西餐	
74	骑士	

数字	语言代码	联想方式
75	西服	
76	气流	
77	机器猫	
78	青蛙	
79	气球	
80	巴黎	
81	白蚁	
82	靶儿	
83	宝扇	
84	巴士	
85	宝物	
86	八路	
87	白旗	
88	爸爸	
89	芭蕉	
90	酒瓶	
91	球衣	
92	球儿	
93	旧伞	
94	酒师	
95	酒壶	
96	酒楼	
97	旧旗	
98	球拍	
99	舅舅	
100	望远镜	

六、数字代码 0 ~ 9

从 0 到 9，“呼啦圈”变成“口哨”

刚刚我们学习了二位代码，什么是二位代码，就是两个数字合起来是一个代码，但是在日常生活中，我们会遇到一个数字的情况，这些数字是不是也能用数字代码呢？答案是肯定的，接下来我们来记忆一位数字的数字代码。

第三节
数字代码的具体运用

我们在前两节已经学习了100以内的数字代码法。那么我们具体看一看一些不容易记忆的历史事件，可以采用怎样的巧思妙想，轻松地记住它们的历史时间。

一、数字代码法巧记历史时间

1. 1405年，郑和下西洋。

1）了解数字代码：14—钥匙；05—手套。

2）联结：郑和钥匙掉海里了，赶紧戴上防水手套去。

3）还原：郑和 钥匙 掉海里了，赶紧戴上防水手套去。

郑和　14　下西洋　　　　　05

↓

1405年 郑和下西洋

2. 1935年1月，遵义会议。

1）了解数字代码：19—药酒；35—山虎；1—蜡烛。

2）联结：药酒瓶里面的山虎点燃了蜡烛，准备去遵义开会。

3）还原：药酒瓶里面的山虎点燃了蜡烛，准备去遵义开会。

19　　35　　1　　遵义会议

↓

1935年 1月 遵义会议

3. 1935 年 12 月，瓦窑堡会议。

1）了解数字代码：19—药酒；35—山虎；12—椅儿。

2）联结：药酒瓶里面的山虎爬到了椅儿上开瓦窑堡会议。

3）还原：药酒瓶里面的山虎爬到了椅儿上开瓦窑堡会议。

19　35　12　瓦窑堡会议

↓

1935 年 12 月　瓦窑堡会议

4. 1936 年 10 月，红军长征胜利会师，长征结束。

1）了解数字代码：19—药酒；36—山鹿；10—棒球。

2）联结：药酒瓶里面的山鹿高举棒球聚集一起，欢呼长征胜利结束。

3）还原：药酒瓶里面的山鹿高举棒球 聚集一起，欢呼长征胜利结束。

19　36　10　会师　长征结束

↓

1936 年 10 月 红军长征胜利会师，长征结束

5. 1938 年 5 月，发表《论持久战》。

1）了解数字代码：19—药酒；38—妇女；5—秤钩。

2）联结：酿好了药酒之后，妇女用秤钩提着一瓶去讨论持久战。

3）还原：酿好了药酒之后，妇女用秤钩提着一瓶去讨论持久战。

19　38　5　论持久战

↓

1938 年 5 月　发表《论持久战》

6. 1938 年 5 月 26 日，在延安抗日战争研究会上演讲《论持久战》。

1）了解数字代码：19—药酒；38—妇女；5—秤钩；26—河流。

2）联结：酿好了药酒之后，妇女用秤钩提着一瓶，踏过延安抗日战争的河流，去听研究会上的演讲——《论持久战》。

3）还原：酿好了药酒之后，妇女用秤钩提着一瓶，踏过延安抗日战争

19　38　5　延安抗日战争

的河流，去听研究会上的演讲——《论持久战》。

26　研究会　《论持久战》

↓

1938 年 5 月 26 日，在延安抗日战争研究会上演讲《论持久战》

7. 1945 年 4 月 24 日，在中国共产党第七次全国代表大会上作《论联合政府》的报告。

1）了解数字代码：19—药酒；45—师父；4—帆船；24—闹钟。

2）联结：酿药酒的师父看着帆船里面的闹钟说，中共第七次全国代表大会讨论联合政府报告。

3）还原：酿药酒的师父看着帆船里面的闹钟说，中共第七次全国代表大会

19　45　4　24　中国共产党第七次全国代表大会

讨论联合政府报告。

《论联合政府》报告

↓

1945 年 4 月 24 日，在中国共产党第七次全国代表大会上作《论联合政府》的报告

8. 1947年《中国土地法大纲》颁布。

1）了解数字代码：19—药酒；47—司机。

2）联结：司机喝药酒醉了，在中国地图上乱画大缸。

3）还原：司机喝药酒醉了，在中国 地图上乱画 大缸。

47　19　中国 土地　法 大纲

↓

1947年《中国土地法大纲》颁布

9. 1949年《中国人民政治协商会议共同纲领》公布。

1）了解数字代码：19—药酒；49—湿狗。

2）联结：湿狗喝药酒醉了，正邪不分，弓步举杠铃打同类。

3）还原：湿狗喝药酒醉了，正邪不分，弓步举杠铃打同类。

47　19　政协　公布　纲领

↓

1949年《中国人民政治协商会议共同纲领》公布

10. 1956年4月发表《论十大关系》。

1）了解数字代码：19—药酒；56—蜗牛；4—帆船。

2）联结：提着泡着蜗牛的药酒，走进了帆船里面，谈论敌人实力大的关系。

3）还原：提着泡着蜗牛的药酒走进了帆船里面，谈论敌人实力大的关系。

56　19　4　论　十大关系

↓

1956年4月发表《论十大关系》

11. 1982年12月4日第五届全国人民代表大会第五次会议通过《中华人民共和国宪法》。

1）了解数字代码：19—药酒；82—靶儿；12—椅儿；4—帆船；5—秤钩。

2）联结：药酒洒到靶儿流到椅儿上，搬着椅儿在帆船上挂两个秤钩，秤钩勾着一个人长大了，他先发了财。

3）还原：药酒洒到靶儿流到椅儿上，搬着椅儿在帆船上挂两个秤钩，

19　82　12　4　第五届、第五次

秤钩勾着一个人长大了，他先发了财。

全国人民代表大会　《中华人民共和国宪法》

↓

1982年12月4日第五届全国人民代表大会第五次会议通过《中华人民共和国宪法》

12. 1997年10月1日《刑法典》。

1）了解数字代码：19—药酒；97—旧旗；10月1日—国庆节。

2）联结：囚犯在国庆节那天，喝着药酒打着旧旗走上了刑罚的殿堂。

3）还原：囚犯在国庆节那天，喝着药酒打着旧旗走上了刑罚的殿堂。

10月1日　19　97　刑法典

↓

1997年10月1日《刑法典》

13. 2004年第四次修改宪法。

1）了解数字代码：20—香烟；04—汽车；4—帆船。

2）联结：递香烟给汽车里面的人和递给帆船里面的人的献法不一样，需要修改。

3）还原：递香烟给汽车里面的人和递给帆船里面的人的献法不一样，需要修改。

20　04　第四次　宪法　修改

↓

2004年第四次修改宪法

二、数字代码法巧记三十六计和二十四节气

1. 记忆三十六计

又如，我们能够记住三十六计，但这里要求我们能够任意指出其中一计是什么，比如第二十四计是什么，你能迅速说出是“假道伐虢(guó)”吗？我问最后一计（也就是第三十六计）是什么，你能迅速说出是“走为上计”吗？

第二计呢？第十八计呢？……

数字代码法记忆的神奇之处在于，不仅能牢记三十六计，还能记住每一计的具体顺序。因为数字记忆法天然地和数字联结，天然地和顺序相关。好，让我们开始记忆：

1. 瞒天过海	2. 围魏救赵	3. 借刀杀人
4. 以逸待劳	5. 趁火打劫	6. 声东击西
7. 无中生有	8. 暗度陈仓	9. 隔岸观火
10. 笑里藏刀	11. 李代桃僵	12. 顺手牵羊
13. 打草惊蛇	14. 借尸还魂	15. 调虎离山
16. 欲擒故纵	17. 抛砖引玉	18. 擒贼擒王
19. 釜底抽薪	20. 浑水摸鱼	21. 金蝉脱壳
22. 关门捉贼	23. 远交近攻	24. 假道伐虢
25. 偷梁换柱	26. 指桑骂槐	27. 假痴不癫
28. 上屋抽梯	29. 虚张声势	30. 反客为主
31. 美人计	32. 空城计	33. 反间计
34. 苦肉计	35. 连环计	36. 走为上计

记忆参考

记忆参考：

1 的代码蜡烛——1. 瞒天过海：

蜡烛的烟飘得满天（**瞒天**）都是，随风飘**过**了大**海**。

2 的代码鹅——2. 围魏救赵：

无数只鹅拿着武器**围**住了**魏**国，为了**救**出**赵**国的公主。

3 的代码耳朵——3. 借刀杀人：

有个人向别人**借**了把**刀**想**杀人**，却不小心把自己的耳朵砍了下来。

4 的代码帆船——4. 以逸待劳：

出门旅游，**以**帆船的安**逸**代（**待**）替走路的**劳**累。

5 的代码秤钩——5. 趁火打劫：

有一家珠宝店着火了，你过去**趁火打劫**，用秤钩钩走了一串珠宝然后赶快逃走。

6 的代码汤勺——6. 声东击西：

你的左右手各拿着一个汤勺，左手的勺子上盛着一个大冬瓜，你用力地把它升起来，右手则用勺子在狠狠地敲打着一个大西瓜，这个动作叫“升冬瓜、击西瓜”（**声东击西**）。

7 的代码拐杖——7. 无中生有：

死神在舞（**无**）动着拐杖，你仔细观察，发现那拐杖**中**间**生有**虫子。

8 的代码眼镜——8. 暗度陈仓：

在黑**暗**中，为了能安全**度**过**陈**旧的**仓**库，你戴上了眼镜。

记忆参考

9 的代码口哨——9. 隔岸观火：

你**隔**着**岸观**看到对岸有一处房子着**火**了，你马上吹口哨提醒对岸的人。

10 的代码棒球——10. 笑里藏刀：

当你在打棒球的时候看到有人向你阴阴地笑，你可就要小心了，因为他可能是**笑里藏刀**，准备对你使坏。

11 的代码筷子——11. 李代桃僵：

李连杰代言水蜜桃，用筷子一直微笑摆造型，笑得脸都**僵**了。（歌手**李代**沫用筷子吃着一只冻**僵**了的**桃**子）。

12 的代码椅儿——12. 顺手牵羊：

你**顺手牵**了一只**羊**过来，为了不让它逃了，你把它绑在椅儿上。

13 的代码医生——13. 打草惊蛇：

医生要去采草药，在**打草**的时候，不小心**惊**动了在草丛里的**蛇**。

14 的代码钥匙——14. 借尸还魂：

哈利·波特拿着魔法钥匙，打开了密室，偷偷**借**了一具**尸**体来**还魂**。

15 的代码鹦鹉——15. 调虎离山：

鹦鹉接到命令把老**虎调离**了深**山**。

16 的代码石榴——16. 欲擒故纵：

你坐在石榴树下弹着玉琴（**欲擒**），敲着古钟（**故纵**）。

17 的代码仪器——17. 抛砖引玉：

有一种仪器，你只要拿着一块**砖**头往天上一**抛**，划出一条**引线**，它就会把天上的砖头变成美丽的白**玉**。

18 的代码腰包——18. 擒贼擒王：

警察把枪放进腰包里去**擒贼擒王**。

记忆参考

19 的代码药酒——19. 釜底抽薪：

从**釜底抽**出燃着的薪柴，洒上药酒，**薪**柴烧得更旺了。

20 的代码香烟——20. 浑水摸鱼：

有一个人一边吸着香烟，一边在**浑水**中**摸鱼**。

21 的代码鳄鱼——21. 金蝉脱壳：

一只鳄鱼咬住了一只**金**黄色的**蝉**，想把它吞进肚子里，结果蝉把自己的**壳脱**掉，然后逃走了。

22 的代码双胞胎——22. 关门捉贼：

一对双胞胎跑到别人的家里，想偷东西，但被发现后，屋子主人把**门关**了起来，**捉**住了这对笨**贼**。

23 的代码和尚——23. 远交近攻：

少林寺的和尚们喜欢出**远**门去郊（**交**）游，同时又喜欢跟附**近**的寺庙相互**攻**击、打架。

24 的代码闹钟——24. 假道伐虢：

公主带着闹钟嫁到法国（**假道伐虢**）去。

25 的代码二胡——25. 偷梁换柱：

有个人把我那二胡坚实的**梁柱偷换**了，当我一拉二胡，二胡就断了。

26 的代码河流——26. 指桑骂槐：

有个人站在河流边上，**指**着**桑**树在**骂槐**树。

27 的代码耳机——27. 假痴不癫：

李阳戴着耳机在大街上练习疯狂英语，手舞足蹈，疯疯癫癫，但其实他是个正常人，**假痴不癫**的。

记忆参考

28 的代码恶霸——28. 上屋抽梯 / 过河拆桥：

有个恶霸架好梯子爬**上**别人家**屋**顶偷东西，被人把**梯**子**抽**走，叫来警察抓住了他。/有个恶霸在**过河**之后，蛮横无理地把**桥**都**拆**了。

29 的代码饿囚——29. 虚张声势 / 树上开花：

有个饿囚临死前还**虚张声势**地说自己是个大财主。/ 有个饿囚看到**树上开**满了**花**，他马上摘花充饥。

30 的代码三轮车——30. 反客为主：

一开始，朋友骑着三轮车带我去游玩，到了画展后，我就**反客为主**向他介绍名画。

31 的代码鲨鱼——31. 美人计：

一条鲨鱼正想吃眼前这个人的时候，那个人一回头，原来是一个**美人**，鲨鱼全身骨头都酥了，不忍心吃掉她。

32 的代码扇儿——32. 空城计：

诸葛亮在城楼上手摇羽毛扇儿，利用**空城**谈笑间吓退了司马懿数十万大军。

33 的代码星星——33. 反间计：

小星星本是月亮派到地球的**间**谍，**反**被人类给收买了。

34 的代码绅士——34. 苦肉计：

绅士在吃**苦**瓜炒**肉**。

35 的代码山虎——35. 连环计：

在深山里我好不容易躲过了一只**山虎**，又碰到一只，真的是中了“**连环计**”啊！

36 的代码山鹿——36. 走为上计：

山鹿看见猎人来了，赶紧逃**走**了。

记忆参考

在中国传统文化中，二十四节气非常重要，人们根据节气来耕种粮食和生活。

立春、雨水、惊蛰、春分、清明、谷雨、立夏、小满、芒种、夏至、小暑、大暑、立秋、处暑、白露、秋分、寒露、霜降、立冬、小雪、大雪、冬至、小寒、大寒。

传统的二十四节气记忆有一个节气歌：

春雨惊春清谷天，夏满芒夏暑相连。
秋初露秋寒霜降，冬雪雪冬小大寒。

下文将展示运用数字代码法是如何记住这二十四个节气的，也许你会觉得这种方法比传统的歌谣麻烦多了，但希望能通过这种展示，了解到数字记忆法的运用技巧。任何方法都是起初麻烦，但一旦熟练掌握后，就能得心应手，运用于日后需要记忆的陌生知识。

Step 1 选取数字代码

首先把这二十四节气分为十二组。每两个相连的节气为一组，如“立春和雨水”一组，“惊蛰和春分”一组。然后随意选取十二组数字作为记忆的代码。比如我们选取 41 到 52 这十二个数字作为记忆的代码来展开联想记忆。

Step 2 联结事物和数字代码，形成影像

41. 蜥蜴——立春、雨水：

春天来了，一只蜥蜴在**雨水**中奔跑。

42. 柿儿——惊蛰、春分：

一只柿儿从树上掉下来，**惊**动了地上的**蛰**子，蛰子画在地上的划**分春**天的表格也变得模糊了。

43. 石山——清明、谷雨：

石山上雕刻了一幅《**清明**上河图》，图中的**谷**田正被**雨**水冲洗着。

44. 蛇——立夏、小满：

夏天来了，天气很热，一条蛇在**小**河里**满**心欢喜地畅游。

45. 师父——芒种、夏至：

师父在**芒**果树下**种**了西瓜，**夏**天将**至**，很快就能吃上清甜的大西瓜了。

46. 饲料——小暑、大暑：

妈妈误将饲料当肥料撒到了地里，但小番薯（**小暑**）最后还是长成了大番薯（**大暑**）。

47. 司机——立秋、处暑：

秋天来了，但司机的思绪还是**处**在**暑**假时期，仍没心思工作。

48. 石板——白露、秋分：

早晨，石板上沾满了**白露**，原来是**秋分**到了。

49. 湿狗——寒露、霜降：

一条湿狗在**寒**风中对着天**露**齿大吼，此刻天上**降**下**霜**来。

50. 武林——立冬、小雪：

冬天来了，武林盟主约**小雪**姑娘去吃麻辣火锅。

记忆参考

51. 工人——大雪、冬至：

天下**大雪**，工人们在**冬至**的时候围在一起吃汤圆取暖。

52. 鼓儿——小寒、大寒：

韩（**寒**）信打胜仗，老百姓在大街上打着**小**鼓儿**大**鼓儿庆祝。

Step 3 顺着数字代码回忆影像，记忆事物

掌握数字代码法，运用联想，是不是把原本枯燥难记的知识点变得容易记住了呢？这需要熟练地牢记数字代码，然后在日后的知识学习中反复实践，等有一天你能熟练运用这种方法时，你就能轻易地对众多和数字有关的知识亮剑了。

开始学习下一个记忆术前
让我们先回顾一下

数字代码法要点

数字代码法，就是以数字作为记忆桩子，把要记的信息以奇特的方式联结在记忆桩上，进行快速记忆的方法。

自然数字具有天然的顺序性，数字代码法适合于需要按顺序、逆序来记忆的事物。

运用数字代码法的前提是将01～100、0～9的数字代码牢记心中。数字和代码图像能够在脑海中迅速切换。代码图像主要是由谐音和联想两种方式得来。

数字代码法的使用步骤：step 1 选取数字代码；step 2 联结事物与数字代码，形成影像；step 3 顺着数字代码回忆影像，记忆事物。

第三章

记忆模糊之定位帮忙

我们常常需要在记忆大量事物后又埋头于不相干的事物，让记忆长期被搁置。当需要用到相关信息时，之前熟记的东西早已被忘到了“爪哇国”。为什么有些知识容易遗忘，而有些东西却无须记忆就一直停留在脑海中呢？

我们下面给大家介绍的就是忘性的大克星——定位记忆法。

想象一下，在广州6月灿烂的(热死人的)阳光下，你花了20分钟走到超市。汗流浃背的你正准备一脚踏进超市，一边采购，一边享受一下超市凉爽的空调。突然，你意识到一件不幸的事情发生了：忘记带购物清单了！看着近在咫尺的超市（冷气！冷气！）叹了口气，你默默掉头，走回家去拿那张被你落在写字台上的清单。

要避免这样的“惨剧”发生其实很简单，你可以在每次去超市采购前都用身体定位法把购物清单记牢。这样一来，只要你不要像《哈利·波特》中的宾斯教授那样忘记带自己的身体就出门，就肯定不会忘记要买的东西了。要知道，我们学习记忆术，主要目的并不是在可以借助其他工具的情况下强迫自己用大脑记忆，而是要在手头没有纸、笔、电脑或PDA的情况下可以放心地倚靠自己的大脑来记忆。

第一节
定位记忆法

定位记忆法 就是在大脑中建立一套固定有序的定位系统，在记忆新知识的时候，通过联想和想象，把知识按顺序储存在与其相对应的定位元素上，从而实现快速识记、快速保存和快速提取的方法。

定位法（也叫定桩法）的作用就相当于在自己的大脑中创建了许多分类整理好的记忆文件夹。面对大量需要按照顺序记忆的信息，我们可以通过定位法把它们分类整理，放在大脑中不同的“文件夹”里。若须要，还可以在每一个文件夹下建立子文件夹。需要提取信息时，只须“双击”相应的文件夹，所需的资料就会结构完整、条理清晰地呈现在我们面前。

除了可以让我们有序地记住相对丰富的信息之外，定位法还有一个明显的优势，就是可以允许我们的大脑暂时从要记的信息中“抽离”出来，专注于另一件事，或是另一项工作，等到需要用到被记忆的信息时，又可以快速地从若干“文件夹”中调出、读取这些记忆。如果掌握了这种方法，包你成为可以能够在短时间内妥善处理多重任务的“职场达人”。大家是不是已经摩拳擦掌，迫不及待地想要学习了呢？

一、适用对象

当我们遇到大量信息需要记忆的时候，单纯的联想法可能就会应付不过来了，特别是当这些信息还需要按照顺序来进行记忆，并能准确而快速地按指定位置回忆的时候，联想法就显得有点儿无能为力了。这时候，我们需要用到一种更高级的记忆方法——定位法。

二、使用步骤

第一步：“打桩”。

也就是要在自己的大脑中建立起用于存放记忆资料的“文件夹”。

第二步：把需要记忆的信息通过联想法一个个挂在打好的桩子上，或者说将待记忆的信息依次放入文件夹中。

那么，什么样的东西可以作为桩子呢？就是那些能够进行清晰排序的、已经被我们牢记于心的信息。常用的“桩子”包括：数字、字母、地点、身体、熟悉的语句和熟悉的人物等。其中数字代码法灵活性最强，最便于使用，往往成为人们的首选。下面我们分别介绍几套定位系统，让大家立刻体会到定位记忆法的神奇魔力。

第二节
身体定位法

身体定位法 就是在我们的身体上按顺序选一些部位，我们称为记忆的桩子，然后将要记忆的信息与我们身体的部位（桩子）分别进行连接，从而帮助我们快速进行记忆的方法。

一、如何选定位点

1. 首先按顺序在自己身上寻找并记牢每个桩子，如脚趾、小腿、膝盖等；
2. 把要记的事物和桩子挂钩，脑海里要看到桩子和事物的图像；
3. 原则上说一个桩子上可以“挂”几样事物，但在练习初期最好先做到“一桩一物”；
4. 牢记桩子，以便在日常生活中随时使用。

举例：以下是一个人，你也可以选择自己身上的桩子。注意所选桩子的顺序。

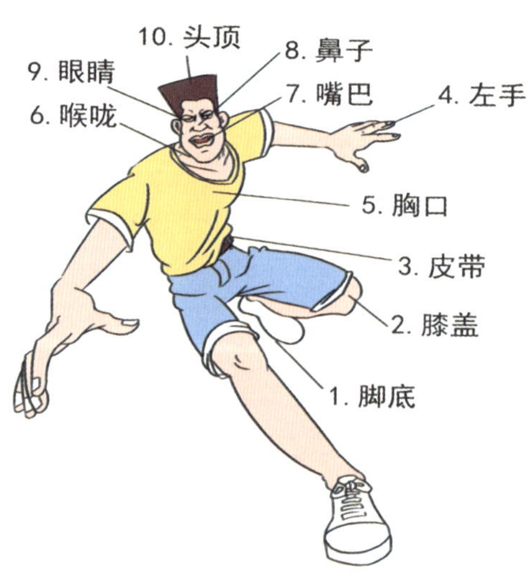

现在我们来记住这十个身体代码，将这些代码排序，就是身体从下往上排。第一个，脚底，踩踩脚底，好！第二个，膝盖，拍拍膝盖！第三个，皮带，摸摸皮带，光滑的感觉。第四个，左手，伸伸左手，别伸了右手哦。第五个，胸口，拍拍胸口，我一定能记住。第六个，喉咙，摸摸喉咙，再捏一把，有点痛，记住了。第七个，嘴巴，张张嘴巴，深呼吸，好！第八个，鼻子，点点鼻尖，上面有豆豆吗？第九个，眼睛，眨眨眼睛。最后一个，头顶，摸摸头顶，希望上天的馅饼掉下来时不要砸到它！

好，从脚到头我们都数了一遍，下面我们来测试，看看自己记住了没有。请按照数字顺序在横线上写上身体的部位：

身体代码测试：

1. ________________　　2. ________________

3. ________________　　4. ________________

5. ________________　　6. ________________

7. ________________　　8. ________________

9. ________________　　10. ________________

看看是不是全部记住了。如果没有，请再重复一次刚才的动作；如果记住了，进行下面的练习，我说数字，然后你说身体的部位。第4个？好！第7个？嘴巴，对了。第8个？第1个？第10个？第5个？第3个？第9个？第2个？第6个？好！现在我们对身体代码已经很熟悉了，下面用身体定位记忆。

二、如何使用身体定位法

使用身体定位法三步骤：

Step 1　牢记选定的身体部位；

Step 2　一一对应，发挥联想；

Step 3　顺着身体部位，进行回忆。

下面是一张购物清单，如果我们学会了怎么记住，以后去超市就不需要再用纸啊笔啊写下来了。下面我们一起试着用身体代码记住这个购物清单。

1. 纸巾	2. 拖鞋	3. 腊肠	4. 红鱼	5. 电饭锅
6. 毛巾	7. 啤酒	8. 词典	9. 钢笔	10. 熨斗

Step 1　对应，发挥联想

我们第一个定位是脚底。

要记的东西是纸巾，闭上眼睛，想象臭臭的脚底粘着很多香香的纸巾，一踩上去，软绵绵的，像棉花一样，非常舒服。

第二个定位膝盖。

用膝盖像踢毽子一样踢拖鞋，飞上去，掉下来，砸在膝盖上，膝盖再用力，拖鞋又飞到了空中，再掉下来，砸在膝盖上……好，第二个需要购买的是拖鞋。

第三个定位是什么？对了，皮带。

忘记的朋友要摸摸皮带哦！噢，不好了，怎么我的皮带变成了腊肠，一条很大很大的红色的、摸上去硬硬的腊肠？不怕，这只是我们需要购买的第三个物品：腊肠！

第四个定位左手。

伸出左手，抓住一大把红鱼，如果不知道什么是红鱼，不管了，红色的鱼就是红鱼啦。

第五个，胸口。

要跟电饭锅联系在一起，在胸口上用电饭锅煮饭怎样？是不是很烫？

第六个，喉咙，要记住的是毛巾。

开运动会时别人是在额头上绑毛巾，可是你不同，你在喉咙上绑了条白色的毛巾。

你为什么在喉咙上绑了条白色的毛巾？防止嘴巴里面的啤酒流下来。啤酒是什么味道的？甜甜的，有点苦涩，还很清凉，冰凉的感觉，第七个嘴巴对应的啤酒也记住了。

第八个定位鼻子。

要记住的物品是词典，这本词典就放在鼻子上，闻到词典发出的书本特有的香味了吗？

第九个定位眼睛。

睁大眼睛，不好了，一支钢笔迎面飞来，快要飞进你的眼睛了！危险！

第十个定位头顶。

理发师正在用熨斗帮你理发呢，"嗞嗞嗞"，你的头发一条条变直，同时也烧焦了。

Step 2 顺着身体部位，回忆一遍

好！现在闭上眼睛，回想一下身体的各个部位分别放着什么？首先是脚底，踩着……对了，是柔软的纸巾。第二个，膝盖上上下跳动的是拖鞋。然后是皮带，绑着腊肠……

回想一遍后，在下面按照顺序写下答案：

1. 2. 3. 4. 5.

6. 7. 8. 9. 10.

记住了吧？这样一来以后购物就不用拿清单，直接将需要买的物品“挂”到身上就行了。是不是很方便？同样的道理，请大家试着做下面的测试。

三、试一试

1. 用身体定位法记住这份购物清单

记得要为自己计时哦。准备一个秒表，试用身体定位法记忆下列词语，并记录时间成绩。

1. 玫瑰花	2. 茶叶	3. 电池	4. 计算器	5. 海报
6. 插头	7. 吉他	8. 音箱	9. 报纸	10. 保温瓶

回想一遍后，按照顺序写下答案：

1. 2. 3. 4. 5.

6. 7. 8. 9. 10.

共需时间： 分 秒

2. 用身体定位法记住十本名著

1.《水浒传》 2.《三国演义》 3.《西游记》 4.《封神演义》
5.《儒林外史》 6.《红楼梦》 7.《镜花缘》 8.《儿女英雄传》
9.《老残游记》 10.《孽海花》

回想一遍后，按照顺序写下答案：

1. 2. 3. 4.
5. 6. 7. 8.
9. 10.

共需时间： 分 秒

记忆提示：这些都是中国的文学名著，读者可以在故事中选出一个自己最熟悉、印象最深刻的人作为这本书的形象代表，想起这个人，再想起这本书。

第三节 物品定位法

物品定位法 身体记忆法的使用虽然不受任何时间、地点限制，但人体的部位毕竟有限。尽管可以“一桩多物”，也难以帮我们记住数量庞大的信息。**物品定位法**与身体部位法相似，不同之处在于用来做“桩子”的不是我们的身体，而是我们熟悉的物品。我们将**物体的不同部位作为记忆的桩子**，然后**把要记忆的信息与物品的部位（桩子）分别进行连接**。

这个方法同样能够帮我们牢记信息。不相信吗？那我们用一个实验来证实吧！

举例：以下是一辆车，你可以选择汽车的各个部位作为桩子。注意所选桩子的顺序。

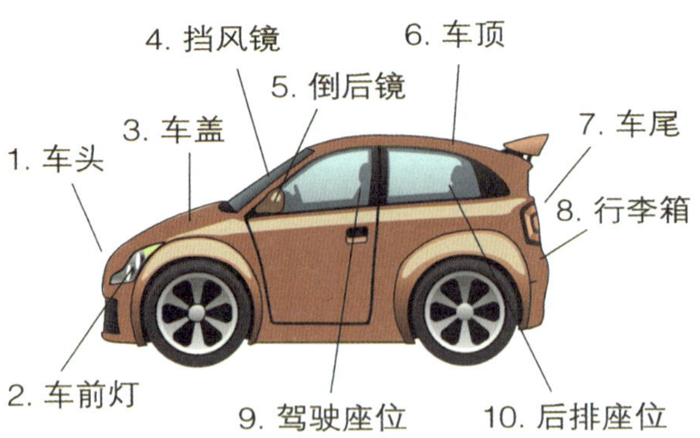

现在我们先来记住十个桩子。第一个，车头，车牌上面就是车头。第二个位置是车前灯，像眼睛似的车前灯。第三个位置是车盖，想象自己拍拍车盖。第四个位置是挡风镜，想象自己在擦拭明亮的挡风镜。第五个位置是后视镜，与挡风镜相对。第六个位置是车顶，想象自己站在车顶上蹬几脚。第七个是车尾，与车头相对。第八个是行李箱，里面装满了行李哦。第九和第十个是驾驶座和后座。

好，现在我们闭上眼睛，先回想一下小车的各个部位，按顺序数出来。第一个是车头，好，第二个呢？车前灯，对了！第三个？车盖，还记得车盖给手指留下的感觉吗？然后就是挡风镜和倒后镜了，接下来呢？对了，是车顶。第七个是车尾，然后是行李箱，最后是驾驶座位和后排座位。下面我们检测一下记忆的效果，请在下面按照顺序写下小车的部位：

1. 2. 3. 4. 5.

6. 7. 8. 9. 10.

一、如何使用物品定位法

物品定位法的使用方法与身体定位法相似：

Step 1 牢记选定的物品部位；

Step 2 一一对应，发挥联想；

Step 3 顺着物品部位，进行回忆。

下面是我们随意给出的十个不相干的词语，我们试着用物品定位法，将这十个不相干的词语按顺序记下来。我们要做的不仅仅是记住这十个词语，还要记住每个词语在这十个词语中的位置和顺序。靠逼迫性的瞬间记忆，你或许也能强行记住这十个毫无逻辑的词语，但很难记住它们固有的顺序。定位法不仅能做到**准确记忆**，还能**有顺序地记忆**，并让你**在隔了一段时间之后仍然能够完整地回忆起来**！

十个不相关的词语：

1. 汉堡包	2. 发票	3. 开会	4. 画笔
5. CD	6. 铅笔	7. 技师	8. 龟甲
9. 牛奶	10. 婶子		

Step 1　选定物品部位

我们需要汽车上的十个桩子！第一个是车头，第二个是车前灯……

第一个定位想到车头，要记的是汉堡包，我们可以想象，汽车头前面贴满厚厚的海绵似的汉堡包，可以防止交通事故，同时肚子饿的时候还可以吃。

第二个定位是车前灯，要记忆的是发票，想象车前灯一闪一闪地照着路上一张发票。好。车头上放着什么？海绵似的……对了，汉堡包。车前灯一闪一闪地照着？发票！好！我们继续。

第三个定位是车盖，要记的词语是开会，我们想象一群人坐在车盖上开会，叽叽咕咕吵个不停，还激动得在车盖上跳了起来。

第四个定位是挡风镜，要记的词语是画笔，画笔是什么颜色的呢？选一个你喜欢的颜色的画笔，用这支画笔在挡风镜上乱涂乱画，或是在上面写上你最想说的话，是不是很带劲？

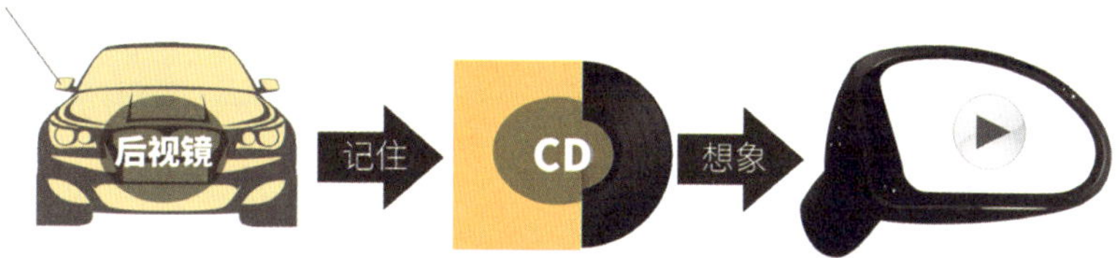

第五个定位是后视镜，要记的词语是 CD，这辆车非常先进，后视镜与影碟机合二为一，正在播放 CD，开这辆车的人有福气了，一边开车一边看 CD，真悠闲。

Step 2 一一对应，发挥联想

好！现在我们来复习一下，第一个小车部位是？对了，车头，上面有很多……第二个小车部位是？照着……第三个小车部位是？一群人在上面……第四个小车部位是？你用什么在上面涂画？第五个小车部位是？正在播放……

好！下面还有五个词语，请计时，看自己能用多长时间记下来？发挥你的想象，越夸张越离奇越好！现在，开始！

…………

Step 3 顺着物品部位，进行回忆

请将你记住的词语按照顺序写在下面的横线上。

1. ________ 2. ________ 3. ________ 4. ________ 5. ________

6. ________ 7. ________ 8. ________ 9. ________ 10. ________

二、试一试

假如你现在在一个记忆比赛现场，主办方随意给出了以下十个词语，要求你快速记忆，并按顺序填写出来。你敢接受这样的挑战吗？为什么不使用小车桩子定位记忆法去试试？开始，计时！

1. 海绵	2. 伟大	3. 戒指	4. 袋子
5. 鼻孔	6. 头骨	7. 凤凰	8. 毒化
9. 市民	10. 杯子		

请将你记住的词语按照顺序写在下面的横线上。

1. ________ 2. ________ 3. ________ 4. ________ 5. ________

6. ________ 7. ________ 8. ________ 9. ________ 10. ________

共需时间：　分　秒

第四节
地点定位法

地点定位法 就是最古老的记忆法，早在公元前 500 多年，古希腊人已懂得用地点法记忆诗歌、经文等。罗马的房间法、旅程法、信箱法等都是由地点法演变而来的。很多记忆方法，如数字代码法、身体定位法等，**都会在不同程度上受到数量限制，地点法却没有这个缺点**。很多世界各国的顶尖记忆家都是用地点法或由地点法演变出来的方法来帮助自己记忆的。

一、如何选定地点桩子

1. 首先寻找一系列自己熟悉的地点，如家里、学校、马路等。
2. 地点要具体，如门、桌子、电视。
3. 10 个或 30 个地点为一组。地点之间的距离最好不要离得太远或太近。
4. 注意所选地点的顺序。

例如：自己的家、小学、中学、大学、餐厅、百货商场、动物园、工厂等。以下是一间屋子的地点，当然，你也可以选择自己家的地点。注意所选地点的顺序。

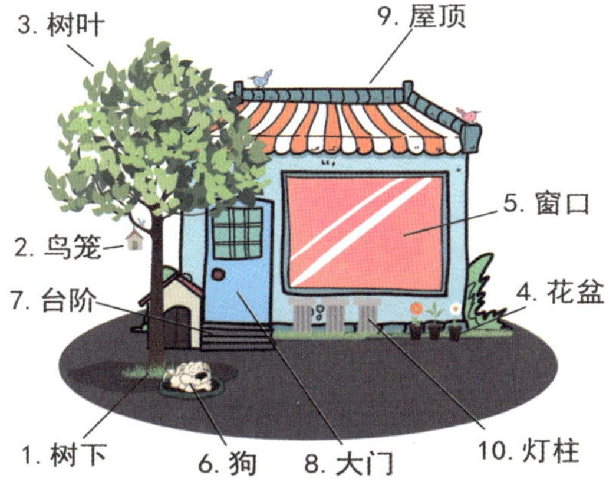

看着上图按照从左到右、从前到后、从下到上的顺序编排的地点，想象这个就是你的家。你现在正站在家门口，第一个地点是树下，树下有很多小草，正在迎风摆动；第二个地点是挂在树上的鸟笼，里面还有小鸟在欢快地鸣叫；第三个地点是树叶，绿绿的叶子很漂亮；第四个地点是窗前地下的花盆，正开着五颜六色的花朵；第五个地点是窗口，站在窗口就可以看到外面美丽的景色。好，下面我们来回忆一下前面几个地点，第一个是？第二个是？第三个是？第四个是？第五个是？好！

第六个地点是小狗，它正趴在门口等你回家呢。小狗身后是第七个地点——台阶，跨上台阶就是大门，也就是第八个地点。大门上面是屋顶，黄色琉璃瓦做的屋顶。最后一个就是灯柱，也就是门右边的摆设。

好，下面我们来复习一下，第六个地点是？第七个地点是？然后是？再后面的地点是？最后一个地点是？为了检验记忆效果，请你将地点按照顺序写在下面：

1.　　2.　　3.　　4.　　5.

6.　　7.　　8.　　9.　　10.

二、如何运用地点定位法

地点定位法在现实生活中的运用是十分广泛的。举例来说，我们可以用这种方法来记自己一天的行程或工作日程。想象一下，如果每天都能在进到办公室的一瞬间就理清当天要完成的工作，那么成为职场达人不就指日可待了嘛！下面我们就以一位饭店总经理一天的工作安排做例子，为大家详细地讲解地点定位法的作用。

Step 1　“打桩”

在这里我们把地点桩子定在办公室，一进办公室就能根据办公室的各个地点，回忆一天的工作日程。我们选取这位经理办公室中的大门、打印机、饮水机、沙发和窗户这五部分来打桩。

经历一天的工作安排，也就是待记内容如下：

（1）7:30–8:00 巡视检查；

（2）8:00–8:30 案头批阅；

（3）8:30–9:00 每日工作晨会；

（4）9:00–9:30 部门碰头会；

（5）9:30–11:00 跟进事宜；

（6）11:00–12:00 巡视饭店运营；

（7）12:00–13:00 午餐、午休；

（8）13:00–13:30 案头工作（下达工作）；

（9）13:30–15:00 部门系统运转会议；

（10）15:00–16:30 对外联络工作，拓展业务；

（11）16:30–17:30 在饭店公共消费区域休闲式晤谈；

（12）17:30–18:30 约见住店客户；

（13）18:30–20:30 与 VIP 客户共进晚餐；

（14）20:30–23:00 工作总结；

（15）23:00–24:00 饭店夜间巡视。

Step 2 发挥联想，将“桩子”与待记内容一一对应

1. 刚进**大门**，就开始检查员工们的工作状态，阅读报刊和经营报告，准备开晨会，安排工作。

2. 总经理**打印**好资料后和各部门主管开会，承接和协调工作事宜，直接到现场巡查运营工作。

3. 走累了，就喝了**一杯水**，然后去吃午饭，吃着吃着就睡着了，突然惊醒发现还有工作没有安排，于是参加了部门的会议。

4. 回到办公室坐在沙发上给客户打电话，谈话后，双方要求见面。

5. 往窗外看去，天色已晚，就和客户共进晚餐。客户离开了，总经理边总结边走到饭店巡视。

Step 3 完整地还原工作日程

怎么样，是不是觉得这个方法很实用呢？其实，地点定位法不仅可以在日常生活中发挥作用，在特殊场合也适用。想象一下，作为职场新人的你被老板要求在报告厅当众演讲，这时你最担心的是什么？相信面对这个问题，十个人中有八个都会回答“怕忘词”。的确，对于大多数人来说当众发言本身就多多少少会令人紧张，更何况演讲多使用书面语，既难记，又易忘。不过，如果采用地点定位法对演讲稿进行记忆，“忘词”对演讲者而言简直就是天方夜谭。不信？下面我们就结合一篇具体的演讲稿给大家讲一讲地点定位法在演讲中的使用，演讲稿如下：

朋友们，今天我对你们说，在此时此刻，我们虽然遭受种种困难和挫折，我仍然有一个梦想，这个梦想深深扎根于美国的梦想之中。

我梦想有一天，这个国家会站立起来，真正实现其信条的真谛：“我们认为真理是不言而喻，人人生而平等。”

我梦想有一天，在佐治亚的红山上，昔日奴隶的儿子将能够和昔日奴隶主的儿子坐在一起，共叙兄弟情谊。

我梦想有一天，甚至连密西西比州这个正义匿迹，压迫成风，如同沙漠般的地方，也将变成自由和正义的绿洲。

我梦想有一天，我的四个孩子将在一个不是以他们的肤色，而是以他们的品格优劣来评价他们的国度里生活。

今天，我有一个梦想。

我梦想有一天，亚拉巴马州能够有所转变，尽管该州州长现在仍然满口异议，反对联邦法令，但有朝一日，那里的黑人男孩和女孩将能与白人男孩和女孩情同骨肉，携手并进。

今天，我有一个梦想。

我梦想有一天，幽谷上升，高山下降；坎坷曲折之路成坦途，圣光披露，满照人间。

这就是我们的希望。我怀着这种信念回到南方。有了这个信念，我们将能从绝望之岭劈出一块希望之石。有了这个信念，我们将能把这个国家刺耳的争吵声，改变成为一支洋溢手足之情的优美交响曲。

有了这个信念，我们将能一起工作，一起祈祷，一起斗争，一起坐牢，一起维护自由；因为我们知道，终有一天，我们是会自由的。

在自由到来的那一天，上帝的所有儿女们将以新的含义高唱这支歌："我的祖国，美丽的自由之乡，我为您歌唱。您是父辈逝去的地方，您是最初移民的骄傲，让自由之声响彻每个山岗。"

如果美国要成为一个伟大的国家，这个梦想必须实现！

（节选自马丁·路德·金《我有一个梦想》）

我们将演讲的地点定在报告厅（如下图），演讲者可以根据报告厅的各个地点，记忆一篇完整的演讲稿。

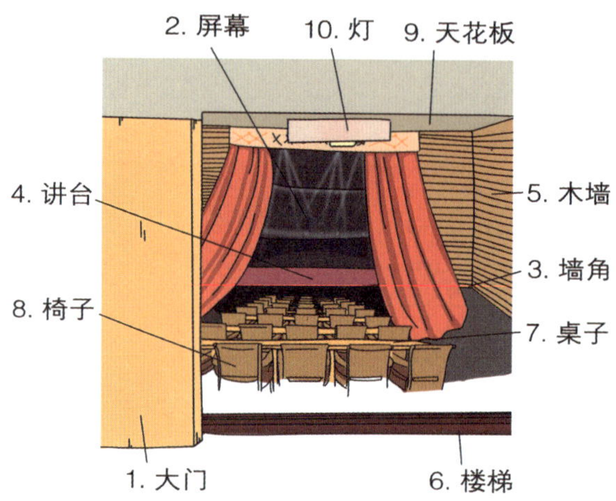

首先，我们要按一定的顺序找地点，上图中用阿拉伯数字标出了十个地点：大门、屏幕、墙角、讲台、木墙、楼梯、桌子、椅子、天花板、灯。

接下来，我们要找出这篇演讲中的关键词，将其与上述十个地点相联系，具体思维过程如下：

1. 大门

朋友们，今天我对你们说，在此时此刻，我们虽然遭受种种困难和挫折，我仍然有一个梦想，这个梦想深深扎根于美国的梦想之中。

联结：几个朋友在此时此刻从大门走进来，他们虽然刚刚遭受了一些困难和挫折，但仍然有一个梦想，他们想扎根在美国。

2. 屏幕

我梦想有一天，这个国家会站立起来，真正实现其信条的真谛：“我们认为真理是不言而喻，人人生而平等。”

联结：屏幕上有一幅叫“梦想”的画，有一个人站立起来，写着信条，信条上写着“真理平等”四个大字。

3. 墙角

我梦想有一天，在佐治亚的红山上，昔日奴隶的儿子将能够和昔日奴隶主的儿子坐在一起，共叙兄弟情谊。

联结：我站在墙角，梦想着自己站在佐治亚的红山上，在山上，我看到奴隶的儿子和奴隶主的儿子成了兄弟。

4. 讲台

我梦想有一天，甚至连密西西比州这个正义匿迹，压迫成风，如同沙漠般的地方，也将变成自由和正义的绿洲。

联结：我梦想有一天站在讲台上演讲，这个演讲是关于密西西比州的，那里的正义战胜了压迫，沙漠也因此变成了绿洲。

5. 木墙

我梦想有一天，我的四个孩子将在一个不是以他们的肤色，而是以他们的品格优劣来评价他们的国度里生活。

联结：我在木墙上刻画自己的梦想，希望四个孩子不管肤色如何，品格优劣，都能生活得很好。

6. 楼梯

今天，我有一个梦想。

我梦想有一天，亚拉巴马州能够有所转变，尽管该州州长现在仍然满口异议，反对联邦法令，但有朝一日，那里的黑人男孩和女孩将能与白人男孩和女孩情同骨肉，携手并进。

联结：今天，有一个人在楼梯上睡着了，他梦到自己成了亚拉巴马州的州长，满口异议地在反对联邦法令，但有朝一日，他会让黑人的孩子和白人的孩子情同骨肉。

7. 桌子

今天，我有一个梦想。

我梦想有一天，幽谷上升，高山下降；坎坷曲折之路成坦途，圣光披露，满照人间。

联结：今天，唐三藏背着桌子取经，经过了幽谷、高山，路途虽然坎坷曲折，但他最后得到了圣光，造福人间。

8. 椅子

这就是我们的希望。我怀着这种信念回到南方。有了这个信念，我们将能从绝望之岭劈出一块希望之石。有了这个信念，我们将能把这个国家刺耳的争吵声，改变成为一支洋溢手足之情的优美交响曲。

联结：我们希望椅子能变成一匹马，把我们带回南方，怀着这个信念，绝望之岭也会生出希望之石，而这个信念，把刺耳的争吵声也变成了一支洋溢着手足之情的交响曲。

9. 天花板

有了这个信念，我们将能一起工作，一起祈祷，一起斗争，一起坐牢，一起维护自由；因为我们知道，终有一天，我们是会自由的。

联结：有一个囚犯看着天花板，回想起自己以前的信念，想象自己如果好好地工作，真诚地祈祷，不参与利益的斗争，就不会坐牢，就能够维护自由，他还是期望终有一天，他能够重获自由。

10. 灯

在自由到来的那一天，上帝的所有儿女们将以新的含义高唱这支歌：“我的祖国，美丽的自由之乡，我为您歌唱。您是父辈逝去的地方，您是最初移民的骄傲，让自由之声响彻每个山岗。”

如果美国要成为一个伟大的国家，这个梦想必须实现！

联结：自由的上帝坐在灯上高歌祖国，他自由地歌唱，来到了父辈的地方，这个地方让他感到很骄傲，他就是山岗，那里的美国人总希望梦想能够实现。

最后，就是“看图说话”，用十个记忆桩子将演讲稿的内容高度还原。一旦按照这个方法将演讲稿背熟，无异于将稿子写在了演讲地点上。这样一来，整个演讲的过程近似于“照本宣科”，忘词的可能性几乎是不存在的。

根据上面两个例子，我们可以将地点定位法的使用分为三个步骤：

Step 1　牢记选定的各个地点；

Step 2　一一对应，发挥联想；

Step 3　顺着各个地点，进行回忆。

我们已经记住了地点法里面的记忆桩子，下面就用这些桩子来记住下面这些词语：

1. 彩虹	2. 空调	3. 电灯	4. 手表	5. 紫砂壶
6. 信封	7. 垃圾桶	8. 相片	9. 卡片	10. 咖啡

Step 1　回忆地点桩子

第一个地点是树下，第二个地点是树上的鸟笼，第三个地点是……

Step 2　一一对应，发挥联想

第一个定位是树下，我们要记忆的是彩虹，想象树底下出现一道美丽的彩虹，这道彩虹还随着树下的小草迎风摆动呢。

第二个定位是鸟笼，要记的物品是空调，想象鸟笼里安装了空调，小鸟在里面就不会热着了，还在里面一边吹着空调一边欢快地歌唱呢。

第三个定位是树叶，要记的物品是电灯，想象树叶上挂满了电灯，闪闪发亮。

第四个定位是花盆，要记忆的是手表，想象花盆里的花都戴着手表，看着手表就知道什么时候该开花，什么时候该凋谢了。

第五个定位是窗口，要记忆的物品是紫砂壶，想象你站在窗口，用紫砂壶来淋下面的花盆。

好！下面我们来回忆一下刚才记的五个词语，树下出现了？鸟笼里安装了？树叶挂满了？花朵戴着？站在窗口？

第六个地点是狗，要记住的是信封，请在下面将你想到的图画写出来。

第七个地点呢？也在下面将图像写出来，第八、第九、第十个都是。

第七个地点：

第八个地点：

第九个地点：

第十个地点：

Step 3 顺着地点，进行回忆

好！我们闭上眼睛，在房子周围走一遍，每个地点上有什么？复习一次刚才记住的词语。

睁开眼睛，请按照顺序将词语写在横线上：

1. ________ 2. ________ 3. ________ 4. ________ 5. ________

6. ________ 7. ________ 8. ________ 9. ________ 10. ________

共需时间： 分 秒

试一试：运用地点记忆法记忆“世界十大文豪”

预备，开始！

1. 古希腊 荷马　2. 意大利 但丁　3. 德国 歌德
4. 英国 拜伦　5. 英国 莎士比亚　6. 法国 雨果
7. 印度 泰戈尔　8. 俄国 托尔斯泰　9. 苏联 高尔基
10. 中国 鲁迅

请按照顺序将词语写在横线上：

1. ____________ 2. ____________ 3. ____________

4. ____________ 5. ____________ 6. ____________

7. ____________ 8. ____________ 9. ____________

10. ____________

共需时间： 分 秒

记忆参考：

Step 1　回忆地点桩子；

Step 2　一一对应，发挥联想；

Step 3　顺着地点，进行回忆。

可以给你几个提示：第一个定位是树，待记信息是荷马，我们可以想象一只河马在树底下乘凉。第二个定位是鸟笼，想象但丁被关在鸟笼里……

练一练：运用地点定位法记住各行业的“圣人”

文圣——春秋时期的孔子　　武圣——三国时期的关羽

诗仙——唐代李白　　诗圣——唐代杜甫

书圣——东晋王羲之　　画圣——唐朝吴道子

医圣——东汉末年张仲景　　药王——唐朝孙思邈

茶圣——唐朝陆羽　　建筑工匠祖师——战国初期鲁班

请按照顺序将词语写在横线上：

1. ________________　　2. ________________

3. ________________　　4. ________________

5. ________________　　6. ________________

7. ________________　　8. ________________

9. ________________　　10. ________________

共需时间：　　分　　秒

记忆参考：

Step 1　回忆地点桩子；

Step 2　一一对应，发挥联想；

Step 3　顺着地点，进行回忆。

如果觉得有难度也不必担心，因为我们还没有详细介绍过在同一个地点上应该如何放置两个信息。这里可以先给大家一点提示："文圣"是个抽象的词语，我们用一本书代表，第一个地点是树下，想象树下发生了一件事情，就是一本书砸在孔子的头上。"诗圣"也是一个抽象的概念，李白的《静夜思》这首诗是很出名的，不如我们就用月亮代表诗圣，同时也代表李白，那么，在鸟笼上面挂着一个圆盘似的月亮，温柔地照着鸟笼……

拓展：更多地点，更多记忆

在日常使用中，我们可以不断增加地点，但最理想的地点是你最熟悉的地方，比如自己的家、小学、中学、大学等，选完地点后将地点记录下来并默读，然后按顺序将每 5 个或 10 个分为一组。试着从你的家中找 20 个地点，写在下面：

1.	2.	3.	4.	5.
6.	7.	8.	9.	10.
11.	12.	13.	14.	15.
16.	17.	18.	19.	20.

闭上眼睛回想几次以上 20 个地点，记住后用地点法记忆下列词语。

1. 麒麟	2. 喂药	3. 石板	4. 妇女	5. 腰包
6. 汽车	7. 榴莲	8. 香烟	9. 筷子	10. 星星
11. 挂历	12. 沙子	13. 老虎	14. 医生	15. 戒指
16. 鹦鹉	17. 沙漏	18. 高尔夫	19. 猫	20. 玉器

Step 1　回忆地点桩子

回忆你自己设定的 20 个地点记忆桩子。

Step 2　一一对应，发挥联想

将每个地点桩子和对应的词语进行联想记忆。

Step 3　顺着地点，进行回忆

顺着地点桩子，把每个词语回忆一遍。

请按照顺序将词语写在横线上：

1. ________	2. ________	3. ________	4. ________	5. ________
6. ________	7. ________	8. ________	9. ________	10. ________
11. ________	12. ________	13. ________	14. ________	15. ________
16. ________	17. ________	18. ________	19. ________	20. ________

共需时间：　　分　　秒

第五节
熟语定位法

熟语定位法 熟语定位是使用我们极其熟悉的成语、诗词（例如“床前明月光”）作为定位系统，用成语或诗词中每一个字作为一个记忆桩，然后把要记住的信息以奇特的方式联结在记忆桩上的方法。

如何运用熟语定位法

1. 作为定位记忆桩的应该是我们已经记忆得很牢固的句子、诗词、文章、谚语、歇后语等。

2. 选择的原则是“桩子”要比需要记忆的信息多，否则记忆无法进行。

3. 熟语定位的使用步骤。

Step 1 挑选最熟悉的熟语作记忆桩子；

Step 2 一一对应，发挥联想；

Step 3 顺着熟语的每个字，进行回忆。

比如：记忆“20 世纪 50 年代我国社会主义建设的几项成就”

1. 公布过渡时期总路线；
2. 社会主义改造基本完成；
3. 鞍钢建成并投产；
4. 长春一汽建成并投产；
5. 我国自产喷气式飞机上天；
6. 武汉长江大桥建成；
7. 新建包成、鹰厦等铁路；

8. 沈阳第一机床厂建成投产；

9. 新建川藏、青藏、新藏等公路；

10. 第一部宪法颁布实施。

Step 1 挑选记忆桩子

我们将烂熟于心的一句诗“床前明月光，疑是地上霜”作为定位记忆桩。这一句诗共 14 个字，多于要记忆的 10 个“成就”，满足记忆“桩子”大于要记忆的信息点的要求。

Step 2 一一对应，发挥联想

我们先从每项成就中选择一个关键词代表这项成就。该关键词必须能够反映该项成就，作为回忆的线索。上面的成就可以用以下关键词概括：

1. 路线 2. 改造 3. 鞍钢 4. 一汽 5. 飞机 6. 武汉长江大桥 7. 包成、鹰厦铁路 8. 沈阳第一机床厂 9. 川藏、青藏、新藏公路 10. 第一部宪法

下面开始记忆，蓝色字是诗中的字，下画线字表示关键词。

1. 宁波床代表宁波<u>路线</u>

2. 前人<u>改造</u>为现代人

3. 明人都到<u>鞍钢</u>上班

4. 乘坐<u>一汽</u>车登月

5. <u>飞机</u>以光速飞行

6. 不用怀疑已越过<u>武汉长江大桥</u>

7. <u>包拯</u>（<u>包成</u>）<u>没坐过鹰下（鹰厦）</u>铁路，是不是？

8. 大地上只有<u>沈阳一只鸡（机）</u>

9. 上天<u>串（川）青心（新）</u>藏在公路上

10. 公路上全是霜，得<u>设法（宪法）</u>防滑。

请大家在心里回忆三次，然后把重点词还原成原句。

Step 3 顺着记忆桩子，回忆一遍

1. 床——宁波床——宁波路线——路线——过渡时期总路线

2. 前——前人——前人改造——改造——社会主义改造基本完成

3. 明——明人——明人到鞍钢——鞍钢——鞍钢建成并投产

4. 月——登月——坐一汽车登月——一汽——长春一汽建成并投产

5. 光——光速——飞机以光速飞行——飞机——我国自产喷气式飞机上天

6. 疑——怀疑——不用怀疑已越过武汉长江大桥——武汉长江大桥——武汉长江大桥建成

7. 是——包拯没坐过鹰厦铁路，是不是？——包拯、鹰厦铁路——新建包成、鹰厦等铁路

8. 地——大地——大地上有沈阳一只鸡——沈阳第一机床厂——沈阳第一机床厂建成投产

9. 上——上天——上天串（川）青心（新）藏在公路上——串（川）青心（新）——川藏、青藏、新藏公路

10. 霜——公路上全是霜，得设法（宪法）防滑——宪法——第一部宪法颁布实施

使用这种方法，往往需要花较长的时间回想记忆桩，相对而言难度较大，因此不做过多的介绍。只给大家讲解基本的原理和方法，以便适合这种方法的读者了解使用。

开始学习下一个记忆术前
让我们先回顾一下

定位法要点

定位法，即在自己的大脑中打好一些用于搁置信息的“桩子”，并将待记的信息按顺序“挂”在各个桩子上的一种方法。

定位法包括四种：身体定位法、物品定位法、地点定位法和熟语定位法。

使用身体定位法时应注意：按顺序在自己身上寻找并记牢每一“桩子”。

使用物品定位法时应注意：一定要选择自己熟悉的、随时能够想起的事物。

使用地点定位法时应注意：所选择的地点应尽量具体、宽敞，各个“桩子”之间的物理距离要适当。

使用熟语定位法时应注意：“桩子”一定要比待记的信息条目多，否则记忆无法进行。

第四章

对象杂乱之联想再现

当我们的记忆对象杂乱无章和毫无逻辑的时候，我们通常采用死记硬背的方法去“强迫”大脑进行记忆。而联想记忆法则是这些杂乱无章的记忆对象的“克星”。我们可以通过联想将要记忆的多种事物放到一个故事，或是一幅幅令人惊讶的奇特画面中。联想可以理顺杂乱，赋予逻辑；联想能创造画面，令记忆兴奋。

某公寓
你好，我找我的朋友鲁柏,他住在二楼九室。
法国某数学家
鲁柏先生在两星期以前就死了！是被人用刀刺死的，他父母刚寄来的钱也被偷走了，而犯人至今没有抓到！
鲁柏是我的同乡，我每次做馅饼，总要给他尝尝，他死的时候，两手还紧紧握着没吃完的半块饼。警察也感到迷惑，一个腹部受了重伤快要死的人，为什么要抓住那么一小块饼呢？
为什么呢？
某公寓
有没有犯人的线索？
请说得轻一点，犯人肯定住在这幢公寓里。出事前后，我都在值班室里，没见有人进这公寓。可是这公寓有60个房间，住着上百人······
几分钟后……
三楼有几个房间？
1号到15号。
请带我去看看。
请跟我来！
14号
这房间住的是谁？
是个叫朱塞尔的人，他是个浪荡子，爱赌钱，好喝酒，昨天已经搬走了。
糟糕！这个家伙就是杀人犯！
没错，他就是杀死鲁柏的凶手！
不久后，朱塞尔落入法网。
监狱

在这个故事中，格洛阿充分运用了自己的联想能力，将馅饼（pie）、π、3.14、三楼 14 号房间这几个看似没有关联的事物联系起来，从而成功推断出了杀人凶手。首先是通过谐音，由 pie 联想到 π，然后由数字 3.14 联想到门牌号 314。

具体思维过程如下：

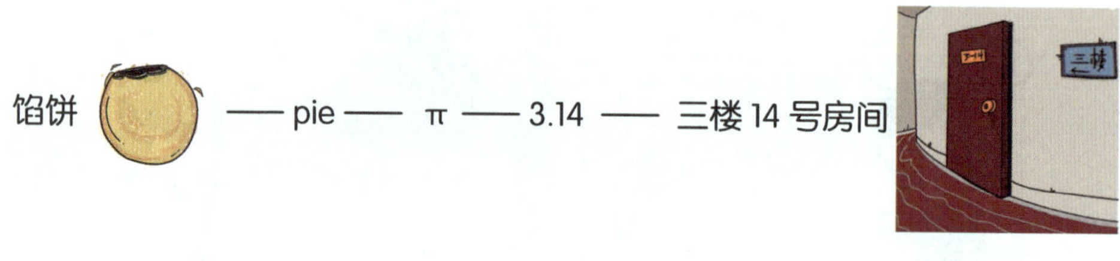

由此可见，联想具有神奇的力量。美国著名记忆专家哈利·罗莱因先生曾说："记忆的最基本规律，就是对新的信息同已知的事物进行联想。"经由联想而记住的事物总是让人印象深刻。举例来说，若有人问你，瑞士和法国的国土是什么形状，大多数人恐怕都说不清楚。可要是问意大利或中国的国土是什么形状，很多人都会回答："意大利的国土像一只靴子，中国的国土像一只公鸡。"因为人们比较熟悉靴子和公鸡的形状，因此把意大利与靴子联系起来，把中国与公鸡联系起来，这样就牢记不忘了。

第一节
联想记忆法

联想记忆法 是指利用右脑的图像功能，将抽象的词汇转化成具体的图像，再利用左脑的逻辑功能，将图像进行联结的记忆方法。

抽象词汇 —— 具体图像 —— 左脑逻辑 —— 联结故事

图像是记忆技巧不可或缺的部分，良好的记忆力有赖于图像的联结。我们在编一个简单、直接的故事时，脑海里经常会呈现出故事的具体情节，我们称之为“内视觉”，是记忆技巧最基本的原理。

一、联想记忆法的适用对象

联想记忆法适用于记忆较多相互间没有明显联系的信息，尤其是杂乱无章，没有逻辑的记忆对象。不管我们要记多少事物，只要在这些事物间依次作形象联想，就可以将记忆对象放置在一幅幅令人惊讶的画面，或是一个故事情节中。这样记忆的过程就会变得既轻松又有趣了。

例如，要记忆下列事物：

可以作如下联想：

这串新奇的形象联想在脑中重现时，有如连环画，一幅幅画面接连不断，把我们要记的词一个个引了出来。

又如，要记“红花——白马——啤酒——点心

——书报——裤子——鞋——汽车——牛”

9 个互不关联的事物，可作如下联想：

“一个年轻人身上戴着大红花，骑着白马，

一边喝着啤酒，一边吃着点心，

马背上还有书和报，

他穿的是牛仔裤与鞋，

看到汽车拉着牛过去。”

二、如何使用联想记忆法

1. 联想要夸张、荒诞、离奇

刚接触联想记忆法时有些人会抵触联想的过程，进而抵触因联想而编制的记忆规则。然而，那些看似荒诞的联想过程，貌似奇怪的夸张想法，恰恰是我们大脑的最爱，记忆起来最轻松最容易。

2. 寻找适合自己的联想方式

如果在想象的过程中，对夸张、荒谬的联想产生抗拒感，可以尝试进行合理的联想。也许你喜欢合情合理，不喜天马行空的跳脱，没关系。合适自己的联想是最有效的联想！理性的逻辑的联想同样焕发出记忆的无穷魅力。

3. 以熟记新，用自己最熟悉的事物与新的事物进行连接

自己最熟悉的事物在我们的长期记忆中占据着稳固的位置。你要做的，就是在这些既有的位置放上新鲜的事物！

4. 归类对比

一般来说，联想时需要按照事物的先后顺序编故事，避免加入不必要的事物，在联想的过程中须产生听觉、视觉、触觉、味觉、嗅觉等现象，如动作、颜色、气味、感觉等。

联想法可以分为简单联想与串联法两种，下面为你一一介绍。

第二节
简单联想法

简单联想法 简单联想就是把需要记忆的两个或者多个事物联系起来进行记忆。

奇象联想 > 主谓宾联想 > 合理联想

当你看到“风扇”和“大楼”这两个词的时候，你的头脑闪过了哪一种联想呢？

风扇 —— 大楼

第一种联想：风扇吹向大楼	第二种联想：我拿起风扇砸向大楼	第三种联想：风扇把一座大楼吹倒
（合理联想）	（主谓宾联想）	（奇象联想）
当我们看到“风扇”与“大楼”这两个词时，我们通常的联想是“风扇吹向大楼”，这种联想比较合理，但太普通，不容易形成深刻的印象。	联想成“我拿起风扇，砸向大楼”，因为有自身的参与，会比较容易记住。	运用奇象联想，想象成“风扇把一座大楼吹倒”，因为情节比较离奇，是现实中不可能发生的事情，会给人留下很深刻的印象，不容易忘记。

你是喜欢逻辑合理的普通联想，还是总喜欢有自己参与进去的联想呢？又或者，你喜欢的是大脑里各种奇思妙想漫天飞扬，所有的词语都像有了小生命一样活蹦乱跳呢？其实，我们的大脑特别钟爱情节离奇的想象，对第三种联想印象最为深刻。

我们不妨再来看一组不相关的词语。要仔细联想哦，看看你心底到底喜欢哪类联想。当你看到风筝和老虎的时候，你会想到些什么呢？

风筝——老虎

第一种联想：风筝掉在老虎的头上	第二种联想：我拿着风筝敲打老虎的屁股	第三种联想：风筝把老虎拉向天空
（合理联想）	（主谓宾联想）	（奇象联想）
当我们看到“风筝”与“老虎”这两个词时，我们通常的联想是“风筝掉在老虎的头上”，这种联想比较合理，但太普通，不容易形成深刻的印象。	如果联想成“我拿着风筝敲打老虎的屁股”，因为有自身的参与，会比较容易记住。	运用奇象联想，想象成“风筝把老虎拉向天空”，因为情节比较离奇，是现实中不可能发生的事情，会给人留下很深刻的印象。

如果你有“风筝把老虎拉向天空”这样的联想（甚至更奇特惊人的联想），那么恭喜你，你的右脑正在发挥能量，帮助你高效记忆。如果没有也没关系，我们慢慢学习，当你看完本章就会发现，原来奇象记忆可以这样有趣、有效！

小提示：联想越奇特，印象越深刻，记忆越有效，奇象联想是最有效的联想方式。

测一测——试用简单联想法记忆以下事物

1. 火机——汽车	2. 电视——单车	3. 风筝——电脑
4. 手机——CD	5. 音箱——猴子	6. 鼠标——皮鞋
7. 蜡烛——电梯	8. 拐杖——小草	9. 蝴蝶——遥控机
10. 衬衫——书包		

答案填写： 时间： 成绩：

记忆参考 首先自己吸一口气，再吐气，慢慢放松下来并集中注意力开始练习以上十组词语；然后回想一下，在前面十组词语中——

第一组“火机——汽车”

那么你可以想象你曾经见过的“火机”是什么颜色的，大小有多大。好，我们想象打火机是红色的，大小只有两个手指头大，现在发挥你的想象力想象，把打火机放大 10 倍、100 倍甚至 10000 倍，这时你要运用内视觉看到火机扩大后的形状，你看到了吗？好，我们以同样的方式来想象一下“汽车”，那么汽车是什么品牌的？是什么颜色的？看到了吗？最后，我们需要做的是如何把这“火机”与“汽车”的图像联系起来，当然你可以想象一个超大的火机从天而降，“轰”的一声，把一辆飞驰的汽车砸得粉碎。你也可以想象一个打火机像炸弹扔到汽车底下，“轰”的一声，爆炸像蘑菇云一样。

第二组“电视——单车”

同样我们先在脑海中呈现出“电视”和“单车”的图像，然后把这两个图像联系起来，你可以想象你家的电视绑在你家的单车上，你也可以想象电视里正播放一个自行车比赛。进行想象时，要注意电视和单车的先后顺序。我们可以用上下、左右、前后、外里等方位来规定两个图像的先后顺序，电视在上，单车在下；电视在左，单车在右；电视在前，单车在后；或者电视在外，单车在里。按照这样的规则，就不要想象单车压在电视上。其次，图像要尽量荒诞离奇，大脑喜欢新奇的事物，这样就会印象更加深刻。

第三组“风筝——电脑”

同样我们先在脑海中呈现出“风筝”和“电脑”的图像，然后把这两个图像联系起来，你可以想象一些像龙一样的大风筝，巨大的像鸟一样的爬行动物正好滑翔在逃亡的途中与电脑制作的假怪物作战。

第四组“手机——CD”

同样我们先在脑海中呈现出“手机”和“CD”的图像，然后把这两个图像联系起来，你可以想象一个超大型的手机里面装着一张 CD 光碟，在手机的屏幕上显现出一系列的影视画面，犹如放映电影一般。

第五组“音箱——猴子”

同样我们先在脑海中呈现出“音箱”和“猴子”的图像，然后把这两个图像联系起来，你可以想象一个多彩的音箱砸在一只巨大的猴子的手腕，瞬间粉碎成一片废墟 。

第六组“鼠标——皮鞋”

同样我们先在脑海中呈现出“鼠标”和“皮鞋”的图像，然后把这两个图像联系起来，你可以想象一个超大型的鼠标跳到了一双皮鞋顶端，紧紧地将其压扁了。

第七组“蜡烛——电梯”

同样我们先在脑海中呈现出“蜡烛”和“电梯”的图像，然后把这两个图像联系起来，你可以想象一支巨大燃烧着的蜡烛倒在了电梯上，熊熊的烈火将电梯熔化成了铁水。

第八组“拐杖——小草”

同样我们先在脑海中呈现出“拐杖”和“小草”的图像，然后把这两个图像联系起来，你可以想象一根千斤重的拐杖压在了一片绿油油的小草上，突然间，小草钻进了土地里。

第九组“蝴蝶——遥控机”

同样我们先在脑海中呈现出“蝴蝶”和“遥控机”的图像，然后把这两个图像联系起来，你可以想象一只庞大的蝴蝶用灵活的小脚夹着一台遥控机，在半空中跳着欢快的舞蹈。

第十组“衬衫——书包”

同样我们先在脑海中呈现出“衬衫”和“书包”的图像，然后把这两个图像联系起来，你可以想象一件五彩缤纷的衬衫在一个大书包的上面飞来飞去。

把你的联想串成一条锁链

运用联想方法，可以将一连串相互关联的记忆材料理成一条锁链，如甲乙丙丁，首先把甲和乙通过联想联系起来，其次把乙和丙通过联想联系起来，再次把丙和丁联系起来，以此类推。这样把全体事物事先用联想联系起来形成一条锁链。

甲 → 乙 → 丙 → 丁 → 形成锁链

如果这个联想进行得很顺利，则只要能把甲这个事物想起来，其余的事物也会顺着联想的锁链接二连三地想起来。

例如，要想记住彼此间没有任何联系的下列几件事物：

飞机、树、信封……

(Step 1)	(Step 2)	(Step 3)
可以把树想成一棵像飞机般在空中飞翔的大树——飞机和树的联想。	再把树想成挂满了像一片片树叶那样的信封的大树——树和信封的联想。	把树想成一棵像飞机般在空中飞翔的大树，再把树想成挂满了像一片片树叶那样的信封的大树——飞机、树和信封的联想。

……最后所有的东西都能够在一起啦！

简单联想法的记忆规则

规则一：联想的时候图像两两相连，要生动，不要简单堆积，要注意先后顺序。

规则二：连接的时候，可以运用一定的逻辑关系（特别是在连接某些抽象词时）。

规则三：两个图像在内视觉上一定要有接触。可以问自己为什么这两个图会连接在一起，这样可以强化记忆效果。

试一试：用奇象记忆法将下列词语串成联想锁链

苹果	鲨鱼	衣服	小鸟	望远镜	胡萝卜	星星	戒指
手	马桶	乌龟	旗杆	钥匙	书籍	游泳池	西瓜
闹钟	手帕	电话	宝剑	领带	牛	玫瑰	吉他
小车	足球	椅子	书包	竹子	拖把		

记忆参考：　一棵高大的树上挂着一个又红又大的苹果，鲨鱼在树底下睁开超大的眼睛仰望树枝上的苹果，苹果刚好砸毁它那双超大的眼睛。痛苦的鲨鱼穿着迷彩衣服在群鸟中间跳着欢快的舞蹈，突然间，从衣服的口袋里飞出一只哼着清脆歌儿的小

鸟。小鸟拼命地用五颜六色的帽盖顶着望远镜在不停地挖着田地里各式各样的胡萝卜，这时，一颗星星犹如闪电般划破漫长的夜空，刚好掉落在辽阔的田地里，胡萝卜猛砸向闪闪发光的大星星，它的红色五角上戴着钻石般银光闪闪的金黄色戒指。

锋芒毕露的戒指割破了我的手，流出了鲜红的血液，我的一只手被马桶的磁力吸了进去，一瞬间，一只乌龟从马桶里蹦蹦跳跳地跑了出来，它的腰背上扛着一根银白色的旗杆。只见旗杆顶上挂着我的一串金光四射的钥匙，它以光速滑落而下，在半空中穿过一本又厚又大的书籍，书籍犹如飞碟般降落到游泳池里。接二连三的西瓜从游泳池底喷涌而上，轻浮于池面上不停地摇晃着，轰鸣一声，西瓜爆裂而开，蹿出了一只唱着清脆动听歌曲的闹钟，它闹醒了我的一条躺在床上熟睡的手帕。手帕醒来后，接听一个位于桌面的电话，当它拿起话筒时，突然间，伸出了长短不一的银光宝剑。宝剑的上端射出了许多条五彩缤纷的领带。

我捡起一条领带串在牛的鼻子上在不断地逗着玩。牛尖利的角上戴着一朵又红又紫的玫瑰，玫瑰的身上插满了锋利的尖刀，刀子正轻盈地弹奏着一把吉他的丝线。它从半空中砸落到了公路中央，一辆飞快的奔驰牌小车猛撞到吉他上面，小车腾空而起用轮子猛踢一个直扑而过的足球。飞快的足球撞到地上，砸坏了许多五光十色的椅子。跌到半空中的椅子悬挂着雨点般闪闪发光的书包，书包散落到荒地上，冒出了一片片浓郁的竹子，竹子的叶子上都挂满了五颜六色的鞋和拖把，鞋和拖把在竹林底下玩起了捉迷藏。

试一试：用奇象记忆法记忆天干地支

十大天干：甲、乙、丙、丁、戊、己、庚、辛、壬、癸

十二地支：子、丑、寅、卯、辰、巳、午、未、申、酉、戌、亥

记忆参考：

1. 十大天干

甲、乙、丙、丁、戊（wù）、己、庚、辛、壬（rén）、癸（guǐ）

联想：　甲、乙、丙、丁、无、忌、更、新、人、鬼——甲乙丙丁无所顾忌地更新人和鬼

还原：　甲 乙 丙 丁 无 所 顾 忌 地 更 新 人 和 鬼

↓

甲 乙 丙 丁 戊　己　庚 辛 壬　癸

2. 十二地支

子、丑、寅、卯、辰、巳（sì）、午、未、申、酉（yǒu）、戌（xū）、亥（hài）

联想：　只、抽、银、猫、沉、死、无、畏、神、游、四、海——只抽取银色的猫去沉死，其他的无所畏惧去神游四海

还原：　只抽取银色的猫去沉死，其他的无所畏惧去神游四海

↓

子丑 寅　卯 辰巳　午 未　申酉戌亥

第三节
故事联想法

故事联想法 就是当人脑接受某一外界事物时，浮现出与该事物相关形象的心理过程。一般来说，互相接近的事物、相反的事物、相似的事物之间容易产生联想。用联想来增强记忆是一种很常用的方法。

美国著名的记忆术专家哈利·洛雷因说："记忆的基本法则是把新的信息联想于已知事物。"也就是说："联想是由当前感知或思考的事物想起有关的另一事物。" 联想法是把一个图像与另一个图像联系起来，利用事物间的联系通过联想来增强记忆效果的方法。

围绕"焦点"进行串想

故事联想法是把我们要记忆的对象编成一个具有情节线索的故事来记忆。

联想法的要领在于：要围绕"焦点"（指人们将要认识、解决的问题）进行串想。所谓串想，就是以某一种思路为"轴心"，将若干想象活动组合起来，形成一个有层次的，有过程的，并且是动态（发展）的思维活动。

人们向来喜欢听故事，如果把记忆材料比作一颗颗散落的珍珠，那么情节线索就如同一根金线串起一颗颗珍珠。运用故事联想法记忆内容，就像看电影一样，只要你记得电影的剧情，就能回忆起电影的细节。

故事情节越合理越好吗？

故事联想不需要合理，因为越是合理反而越难记住。相反，不合情理，越是令人意想不到捧腹喷饭的事情，就越容易被记住。

回忆一下：你是不是看一遍动画片《大闹天宫》就能记住故事的主要情节？在放松的情况下听相声或听评书，你会不会不由自主地边听边想象着故事所描述的场景，听过一遍之后就能复述大多数故事内容？

比如我们要记忆这几个词语：

阿里巴巴与四十大盗、一千零一夜、小二黑结婚、哲学、山珍海味、枯燥、纽约、兴风作浪、明白

就可以这样编故事：

阿里巴巴与四十大盗听了一千零一夜小二黑结婚的故事，旁边的哲学家一边吃着山珍海味一边读着枯燥的概念，这时纽约人忍不住了，兴风作浪，大声喊：我们要明白！

让记忆对象丰富饱满有层次

故事串联记忆法能把记忆的若干项内容串起来，形成一个整体，从而提高我们记忆的速度和效率。使用这个方法，会让你的想象力和创造力在无形之中大大提高。最终，你不仅会成为一个快速记忆高手，还会成为一个创作型的故事大王呢！

比如，用故事联想法记忆鲁迅作品：

《呐喊》、《孔乙己》、《阿Q正传》、《故乡》、《药》、《狂人日记》、《社戏》、《祝福》

可根据你的需要，打乱顺序来编写。如：

《孔乙己》在《故乡》的《社戏》上《呐喊》，《阿Q正传》着《狂人日记》用《药》《祝福》大家。

关注核心词，减少枝蔓信息

我们在编故事时一定要把注意力集中在要记忆的核心词汇上，尽量不要有过多的枝枝蔓蔓。

比如，记忆唐宋八大家：

韩愈、柳宗元、苏轼、苏洵、苏辙、王安石、曾巩、欧阳修

Step 1 谐音转图

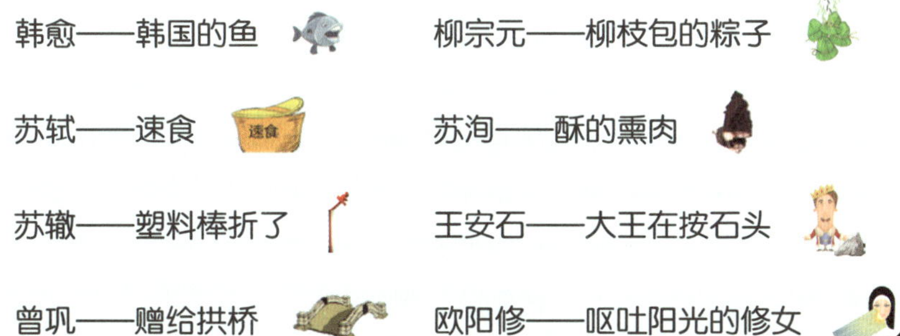

Step 2 联接

韩国的鱼咬到柳枝包的粽子，柳枝包的粽子扔进速食面里，速食面里飞出了酥酥的熏肉，酥酥的熏肉飞出来很硬速度很快于是把塑料棒打折了，折掉的塑料棒打在大王的头上，大王正在按石头，大王很慷慨把石头赠给拱桥，拱桥上有位呕吐阳光的修女。

试一试：用故事联想法记忆历史朝代

夏、商、周、春秋、
战国、秦、
西汉、东汉、三国、西晋、东晋、南北朝、
隋、唐、五代十国、辽、北宋、
金、南宋、元、
明、清、民国、中华人民共和国

故事法：
夏商周春秋，
站在琴上，
汗衫见男背，
遂躺屋，聊背痛
今送院，
明清命终！

夏商周春秋站在琴上　汗衫见男背　遂躺屋，聊背痛　今送院　明清命终

夏天有个商人叫周春秋，闲来无事站在琴上，很热很累出了很多汗，汗浸透的衣衫看到了男背，随后他躺到屋里休息，和别人聊天背很疼，家人很担心他，今天赶紧把他送到医院，可惜还是晚了，明天清晨就命终了。

再试一试：用故事联想法记忆二十八星宿

东方苍龙	角宿	亢宿	氐宿	房宿	心宿	尾宿	箕宿
西方白虎	奎宿	娄宿	胃宿	昴宿	毕宿	觜宿	参宿
南方朱雀	井宿	鬼宿	柳宿	星宿	张宿	翼宿	轸宿
北方玄武	斗宿	牛宿	女宿	虚宿	危宿	室宿	壁宿

这二十八星宿可以分为四组，每一组代表东南西北四个方向，每个方向七个星宿。每个方向又用一种神兽作为代表：东苍龙，西白虎，南朱雀，北玄武。

记忆参考：

以第一组星宿（东方星宿）为例。

1. 东方苍龙

角宿，亢宿，氐（dī）宿，房宿，心宿，尾宿，箕（jī）宿。

Step 1 首先把方向、神兽和星宿缩写

东苍角亢氐房心尾箕

Step 2 奇象联想，串成锁链

东　　苍　　角亢　氐　房　心

冬天很寒冷，藏在屋子里面的一只角很亢奋地抵（氐）在房子上，看的人心

尾　箕

犹如被揪住了尾巴很激（箕）动。

Step 3 记住联想的画面，进行还原

冬天很寒冷，藏在屋子里面的一只角很亢奋地抵（氐）在房子上，看的人心

↓　↓　↓　↓　↓　↓　↓

东　苍　角　亢　氐　房　心

犹如被揪住了尾巴很激（箕）动。

东方苍龙：角宿，亢宿，氐宿，房宿，心宿，尾宿，箕宿。

2. 西方白虎

奎（kuí）宿，娄（lóu）宿，胃宿，昴（mǎo）宿，毕宿，觜（zī）宿，参（shēn）宿。

Step 1 首先把方向、神兽和星宿缩写

西白奎娄胃昴毕觜参

Step 2 奇象联想，串成锁链

西　白　奎　娄　胃

从取西经的白马旁边走来一个魁（奎）梧英雄，搂（娄）着自己的胃出现了，

昴　毕　觜　参

一昴头，令全场闭（毕）嘴，特别是那群正龇（觜）牙咧嘴的猴猿的声（参）音。

Step 3 记住联想的画面，进行还原

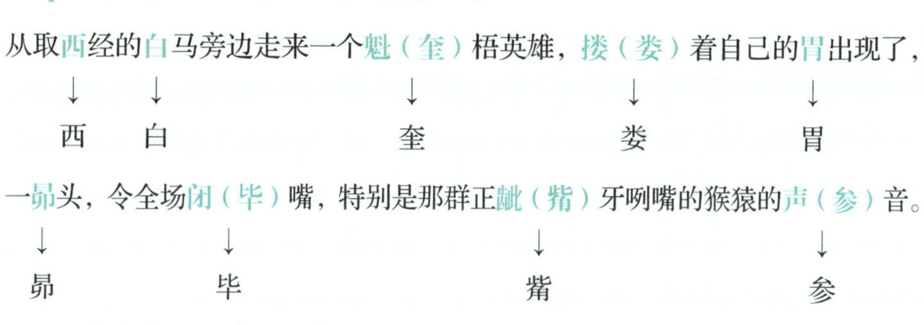

西方白虎：奎宿，娄宿，胃宿，昴宿，毕宿，觜宿，参宿。

3. 南方朱雀

井宿，鬼宿，柳宿，星宿，张宿，翼宿，轸（zhěn）宿。

Step 1 首先把方向、神兽和星宿缩写

南朱井鬼柳星张翼轸

Step 2 奇象联想，串成锁链

南 朱 井 鬼 柳 星
南极出现野猪（朱）了，是因为从井里出来的鬼飘在柳树上，没骑在星马上，

张 翼 轸
张着双翼，给企鹅发上一根毒针（轸）变成的。

Step 3 记住联想的画面，进行还原

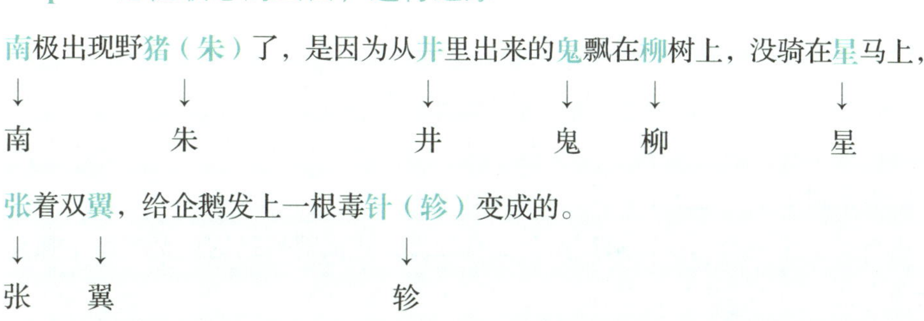

南方朱雀：井宿，鬼宿，柳宿，星宿，张宿，翼宿，轸宿。

4. 北方玄武

斗宿，牛宿，女宿，虚宿，危宿，室宿，壁宿。

Step 1 首先把方向、神兽和星宿缩写

北玄斗牛女虚危室壁

Step 2 奇象联想，串成锁链

北 玄 斗 牛 女 虚 危 室 壁

前辈玄奘在看斗牛，旁边有个女的很心虚，怕危及卧室的墙壁。

Step 3 记住联想的画面，进行还原

前辈玄奘在看斗牛，旁边有个女的很心虚，怕危及卧室的墙壁。

↓ ↓ ↓ ↓ ↓ ↓ ↓ ↓ ↓

北 玄 斗 牛 女 虚 危 室 壁

北方玄武：斗宿，牛宿，女宿，虚宿，危宿，室宿，壁宿。

只要发挥自己的想象力，编出自己能接受的故事，再通过正确的训练方法，就一定能将很多让人头疼不已的知识轻松记住！很多朋友掌握联想方法之后都会感叹："早学会这种方法，我的考试成绩一定会更好。"其实，什么时候开始学习都不迟。我们培训课上年龄最小的学员是一个六岁的小朋友，年纪最大的是一位 76 岁的老奶奶。很多没有系统学习过记忆法的朋友在接受新思维全脑记忆法训练之前都会经过三个阶段：不信——怀疑——自信。

一开始，他们都不相信通过正确方法的训练可以做到过目不忘。继而怀疑自己记忆力不好，没有天赋。但经过一段时间的训练之后，很多人都能够轻松地做到 2 分钟记忆 108 位无规律数字，4 天背熟《道德经》，甚至在一个月内将《牛津中阶英汉双解词典》倒背如流，进而对自己的记忆力产生强大的信心。

在学习更多记忆术之前
先让我们简单回顾一下

联想记忆法的一些要点

1. 简单联想法：把需要记忆的两个以上事物联系起来进行记忆。

2. 使用简单联想法时要注意，奇象联想给人留下的印象最深刻，记忆效果最好。

3. 使用简单联想法的四个原则。

4. 故事串联法：把我们要记忆的对象编成一个具有情节线索的故事来记忆的一种方法。

5. 使用故事串联法时，越是出乎意料、令人捧腹的故事越容易被记住。

6. 编故事时要紧扣待记资料的核心词汇，尽量少生枝蔓。

第五章

事物抽象之替代解围

记忆对象有时是较长的文章和句子，蕴涵信息量大；有时是特别抽象，难以理解的概念。遇见这类记忆对象时，我们需要化长为短、化繁为简、化抽象为具体、化无聊为生动。下面为大家介绍一个对付抽象烦琐记忆对象的方法——替代法。

其实每个人生活中都在有意无意地使用这种方法进行记忆。需要替代的往往是一些抽象的、不够具体的词语，例如国家、马克思主义、房地产、美味等。比如，一提到中国，外国人头脑中首先浮现出的大概会是崇山峻岭上起起伏伏的长城。你看，中国本来是一个抽象的国名，但在记忆时往往会被一个具体的形象所取代。同样的道理，我们也可能会用金字塔来替代埃及，用手表来替代瑞士，用五羊雕像来替代广州。

除了地名，还有其他常用的抽象词语可以被替代。例如用戒指、玫瑰花、婚纱等来替代爱情，用校长、老师、学生等来替代教育，用法官、律师来替代法律，用天桥、马路等来替代成语四通八达……

所谓替代记忆法，就是用具象化的词语代替抽象性的词语进行记忆的一种方法。虽然替代法并不能完全取代传统学习，但可以帮我们提供线索，让回忆的过程变得相对容易。只需要一点点想象力和创造力，你就会发现这种记忆方法是非常易于掌握的。**记忆的原则是生动、具体、形象、夸张。**这些抽象的词语本身并没有具体的实物相对应，要牢记这类词必须先把它们具象化。

选择抽象词语的替代词语要遵循几个原则：首先，这个替代词语应该是**非常具体**的人或物，可以看得见摸得着的。如果用一个抽象名词去替代另一个抽象名词，可能当时记住了，但是遗忘得恐怕也快。因为我们的大脑喜欢的是具体的、形象生动的影像。其次，选择替代词语时最好选择看到抽象词语时脑海中**最先**浮现出的影像。

替代法分为**谐音替代**法和**省略替代**法两种。

第一节 谐音替代法

先来看一个笑话。有一天，一个富豪要买车，但因为没看到吉利的车牌号在车行犹豫不决。这时车行的老板走过来笑道："这个车牌不错，00544（动动我试试），保证没人敢惹你！" 富豪被说动了，立即买下了那辆车，不想第二天就出了车祸。事故发生后富豪气呼呼地下车，心想看到我这么牛的车牌你还敢撞？走近对方的车子一看，立刻跑开了，原来对方的车牌是44944（试试就试试）。

我们讲这个故事可不是为了向大家宣传封建迷信，而是想要说明谐音法其实就渗透在我们日常的思维方式中。

一、什么是谐音替代法

所谓谐音就是音同或音近。谐音替代法就是利用汉语一音多字、容易成象的特点，通过谐音将抽象信息转变为形象化的实物进行快速记忆的方法。这个方法可以使枯燥无味的材料变得生动有趣，让人能够愉快地进行记忆。早在古代就有人利用谐音记忆法记忆了，下面这则故事就是个例子：

从前有个爱喝酒的私塾先生，一天他给学生们布置了一个作业，要把圆周率背到小数点后30位，放学前考试，背不出的不能回家。学生们眼睁睜地望着这一长串数字3.141592653589793238462643383279，个个愁眉苦脸，大部分学生开始摇头晃脑地背起来，另有一些顽皮的学生把圆周率一揣，跑到后山玩儿去了。后山顶上，私塾先生正与一个和尚在凉亭里对饮。学生们见此情景，便悄悄躲在树后偷看。夕阳西下，老师酒足饭饱，回来考学生。那些死记硬背的学生结结巴巴、张冠李戴，而那些顽皮的学生却一字不差地背了出来，弄得老师莫名其妙。原来在林子里玩耍时，有个聪明的学生根据老师与和尚饮酒作乐的情形把要背诵的数字编成了谐音咒语："山巅一寺一壶酒，尔乐苦煞吾，把酒吃，酒杀尔，杀不死，鹿儿鹿死，扇扇刮，扇耳吃酒。"一边念，一边还指着山顶做喝酒等一系列的动作，念叨了几遍就记住了。其实，这个学生运用的方法就是谐音法。

二、用谐音替代法记忆历史事件

有了谐音法这个窍门儿，在记忆过程中我们可以把某些零散的、枯燥的、无意义的识记材料进行处理，变成新奇有趣且富有意义的语句。这个方法在记和数字有关的信息时尤其好用，下面就指导大家利用谐音法记一些历史事件发生的时间：

1. 李渊 618 年建立唐朝。

记忆方法：谐音为“李渊见糖（建唐）搂一把（618）”。

2. 清军入关是 1644 年。

记忆方法：“1644”谐音为“一路死尸”，因为清军入关尸横遍野。

3. 中日甲午战争爆发于 1894 年。

记忆方法：“1894”谐音为“一拔就死”，因为甲午战争给中国带来了重大灾难。

4. 中日《马关条约》在 1895 年签订。

记忆方法：“1895”谐音为“一扒就捂”，是霉变的意思，可以想象“马关的花生——一扒就捂”。

5. 1898 年 6 月 11 日至 9 月 21 日，历时 103 天的戊戌变法。

记忆方法：“戊戌变法，要扒酒吧，路遥遥，酒两舀。”要扒酒吧，即 1898 年；路遥遥，即 6 月 11 日；酒两舀，即 9 月 21 日。

试一试：用谐音替代法做下面练习

1. 记忆电话号码：2641329

答案填写：

时间：_____ 分 _____ 秒

成绩：

记忆参考：谐音为“二流子一天三两酒”。

2. 记忆电话号码：3145941

答案填写：

时间：_____ 分 _____ 秒

成绩：

记忆参考：“这件衣服虽然少点派，但我就是要”，少点派即圆周率 3.14 变为 314。

第二节 省略替代法

省略替代法 又称头字语法，适用于记忆一些零散的、无关联的材料。省略记忆法是把记忆的材料化为最小或最少的记忆点，以便能够方便地回忆记忆线索，将记忆变得容易的一种方法。不过，这种方法的使用是建立在对原始材料的理解上的。其优点在于能够帮我们按照固定的顺序记住材料而不会遗漏。不足之处在于很多人自创省略语有困难，只能使用已经被开发出的现成省略语。

一、如何运用省略替代法

1. 把记忆材料化为最小记忆点。一般是取记忆材料的第一个词。

2. 注意理解材料的意思。结合学过的联想记忆法、数字代码法、定位记忆法等进行记忆。

3. 将省略语还原为最初的记忆材料。

比如，我们要记八国联军中的国家：

俄国、德国、法国、美国、日本、奥地利、意大利、英国。

Step 1 把记忆的材料化为最小的记忆点

各个国家的第一个字是俄、德、法、美、日、奥、意、英。

Step 2 将最小的记忆点编成省略语

运用谐音法将这几个字串成一句话“饿的话（俄、德、法），每日熬一鹰（美、日、奥、意、英）”。

按照这个顺序念几次，再想象八国联军很饥饿，每日都熬一只鹰来吃。这样一来就能很容易地记住这句话了。

Step 3　将省略语还原成记忆材料

饿 的 话，每 日 熬 一 鹰

（八国联军很饥饿，每日都熬一只鹰来吃。）

↓ ↓ ↓ ↓ ↓ ↓ ↓ ↓

俄 德 法 美 日 奥 意 英

二、试一试

接下来，我们来试着用省略替代法记忆“鸦片战争失败对中国的影响”：

- 打击中国的经济；
- 鸦片大量入口；
- 中国门户洞开；
- 不平等条约的束缚；
- 民族自信心动摇。

Step 1　把记忆的材料化为最小的记忆点

提炼各个句子的第一个字，则为“打、鸦、中、不、民”。

Step 2　将最小的记忆点编成省略语

如果按“打、鸦、中、不、民”直接进行记忆，非常不顺口。我们不妨把民谐音成“鸣”，并在里面增加几个字，变成“打乌鸦，中了，不鸣”。想象鸦片战争中，中国就像一只乌鸦，被列强打中后，就不再鸣叫了。好，在脑海中重复一下这个画面，争取记住。

Step 3　将省略语还原成记忆材料

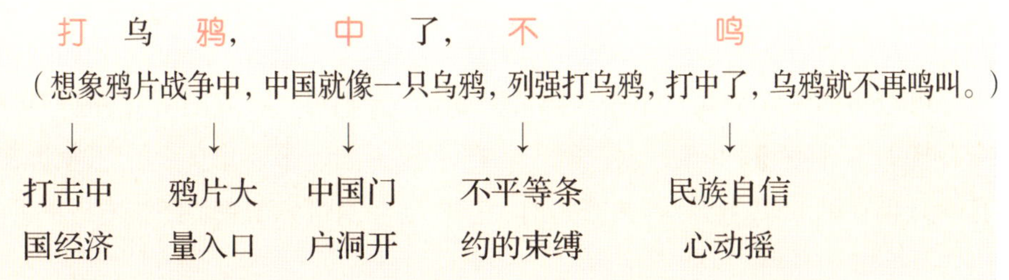

要注意这几个字所代表的原始材料中的内容，“打”替代“打击中国的经济”，“鸦”替代“鸦片大量入口”，“中”替代“中国门户洞开”，“不”替代“不平等条约的束缚”，“鸣”是“民”，替代“民族自信心动摇”。

这里还有一个例子，以下是中国其中的22个省、5个自治区和3个直辖市的省略语。

两湖两广两河山：湖南、湖北、广东、广西、河南、河北、山东、山西

五江云贵福吉安：浙江、江苏、新疆、黑龙江、江西、云南、贵州、福建、吉林、安徽

四西二宁青甘陕：四川、西藏、辽宁、宁夏、青海、甘肃、陕西

还有内台北上天：内蒙古、台湾、北京、上海、天津

试一试：运用省略替代法记忆中国十二大煤矿

大同、阳泉、鸡西、开滦、峰峰、抚顺、淮南、六盘水、鹤岗、淮北、平顶山、阜新

记忆测试：

时间：

成绩：

记忆参考：

Step 1　把记忆的材料化为最小的记忆点

首字抽出来就是：大、阳、鸡、开、峰、抚、淮、六、鹤、淮、平、阜

Step 2　将最小的记忆点编成省略语

可以将这些字分为三个一组拼成一句话“太阳鸡（大、阳、鸡），开封府（开、峰、抚），怀六鹤（淮、六、鹤），怀平腹（淮、平、阜）”。想象煤矿上有一只鸡在晒太阳，然后跑去开封府（包青天），身怀六只鹤，腹部还是平平的。

Step 3 将省略语还原成记忆材料

太阳鸡，	开封府，	怀六鹤，	怀平腹

【煤矿上有一只鸡在晒太阳，然后跑去开封府（包青天），身怀六只鹤，腹部还是平平的。】

↓	↓	↓	↓
大、阳、鸡	开、峰、抚	淮、六、鹤	淮、平、阜
↓	↓	↓	↓
大同、阳泉、鸡西	开滦、峰峰、抚顺	淮南、六盘水、鹤岗	淮北、平顶山、阜新

开始学习下一个记忆术前
让我们先回顾一下

替代法的使用要点

替代法，是一种用具象化的词语代替抽象性的词语进行记忆的方法，分为谐音替代法和省略替代法两种。

谐音替代法，是一种通过谐音将抽象信息转变为形象化的实物进行快速记忆的方法。

省略替代法，是把记忆的材料化为最小或最少的记忆点，以便能够方便地回忆记忆线索，将记忆变得容易的一种方法。对省略替代法的使用是建立在对原始材料的透彻理解之上的。

第六章

师傅领进门，修习在个人

除了针对不同记忆对象的实用性强的记忆法外，我们还将为你介绍一系列专门锻炼记忆力的训练方法。这些方法虽然不能解决具体的记忆问题，但是可以开发你的左右脑，提高记忆力的质素。

一、复习记忆法必备的六要素

心理学家发现在具备下列因素的情况下复习效果最好：

· 信 心：有信心使你更有兴趣地面对学习；

· 注意力：如果在复习的过程中注意力不集中，无异于在做无用功；

· 理 解：理解可以让我们更容易地记忆材料，同时强化记忆效果；

· 背 诵：背诵使我们对所记的内容印象更深刻；

· 复 习：不要一次性长时间复习，而应少量多次复习；

· 回 忆：回忆可以使记忆过的材料更牢固。

1. 信心

1919 年，徐特立同志以 43 岁的“高龄”去法国勤工俭学。有人对他说，你这么大岁数了，学法文肯定会遇到不少困难。徐特立回答说：“事情可以慢慢来，我今年 43 岁，一天学一个字，7 年可以学会 2755 个字，那时我才 50 岁。假如一天学两个字，到 46 岁就可以学通一国文字。我尽管笨，但没有笨到一天连两个字也学不会的。”果然，他凭着这样的信心，只用了四五年时间就能读懂法文科学书籍了。由此可见，自信心对学习者有很大的帮助。

自从研究快速记忆以来，遇到很多朋友这样评价自己：“唉，我的记忆力很差！”虽然适度不安往往是能推动学习的，但缺乏自信心却会直接影响记忆。如果你的头脑时常接受负面消极的信息，它会直接影响你学习和工作的。其实天生的记忆力是没有“好”与“坏”之分的，拉开人与人之间记忆力距离的是训练。

在学习旅程中我们应该时常对自己进行积极的心理暗示，告诉自己：“我的记忆力是最棒的！”

2. 注意力

在记忆心理学中，“注意力”是心理活动对记忆信息的集中。为什么很多人在学习时会“走神”或“发白日梦”呢？主要原因是右脑没有参与学习活动。为什么阅读小说时往往不会有无法集中注意力的问题呢？当你阅读小说时被其中的故事情节所吸引，右脑常常不由自主地浮现想象着故事情节和画面，所以不会“走神”。同样的道理，如果学习时让右脑参与其中，就不容易走神了。

3. 理解

俗语说：“若要记得，必先懂得。”无论学习还是记忆，都是建立在理解的基础上的。若是不求甚解，死记硬背，效果一定不会很好。

有一位心理学家曾用以下数字对机械记忆和理解记忆进行比较：

5　8　12　15　19　22　26　29　33　36　40　43　47

第一组学生在理解数字的规律（+3、+4、+3、+4……）的基础上进行记忆。

第二组学生把数字分成三个一组（581　215　192　226　293　336　404　347），用机械方式进行记忆。

三个星期后再进行一次测试，第一组理解记忆的学生中有25%还记得这组数字，而第二组学生没有一个能记得。

由此可见，理解记忆能够让人记得更久，更牢。

4. 背诵

背诵有助于增强记忆效果：

1）背诵时容易集中注意力。

2）背诵会用到内视觉、外视觉和听觉。实验证明，调动多个感官，记忆效果更好。

5. 复习

复习是学习过程中不可或缺的环节，但是相对于一次性、长时间的复习，我们更推荐少量多次的复习。例如，一周内每天复习 1 小时比集中在一天内复习 7 小时更有效果。间隔复习可以使记忆更牢固，而集中复习会因为时间间隔较长而产生遗忘。下图为德国心理学家荷曼·艾宾浩斯首先发现的遗忘规律。

间隔时间（小时）	遗忘百分比（%）
0.33	42
1	56
9	64
24	66
24×2	72
24×6	75
24×30	79

6. 回忆

所谓“环境造就人”，我们应该在不同的环境下养成不同的记忆习惯，回忆你所记忆过的信息。例如，早上起床时、中午午休前、晚上睡觉前、坐车时等，尽量利用零碎的时间回忆。

最后，让我们用这句在本书中出镜率颇高的话结束我们的记忆之旅吧！记忆是没有好坏之分的，只有训练过和没训练过的区别，通过正确方法的训练，任何人都可以成为记忆天才！

二、全脑奇象记忆法练习题

1. 联想记忆法练习

A

1. 传单——喂药	2. 课本——计算器	3. 飞鸽——纸巾
4. 烟灰缸——字典	5. 插头——IC 卡	6. 手机——相片
7. 执照——空调	8. 汽车——皮包	9. 枕头——玻璃
10. 钟表——房子	11. 沙发——龟甲	12. 歹人——封口
13. 凳子——皮带	14. 水珠——乒乓球	15. 手表——纽扣
16. 水晶——相框	17. 袜子——香水	18. 笔筒——小刀
19. 茶杯——钳子	20. 炉子——电视	

时间：　　　　　　　　成绩：

B

1. 花园——药膏	2. 音响——泡菜	3. 灯笼——牙齿
4. 胶布——柜台	5. 砂锅——沐浴露	6. 鱼干——炸弹
7. 眼镜——口服液	8. 医院——装订	9. 阳台——羽毛球
10. 水池——保险柜	11. 风扇——大炮	12. 台风——花瓶
13. 麒麟——木耳	14. 电线——口袋	15. 石榴——大树
16. 毛巾——遥控器	17. 地板——上网	18. 游泳——石头
19. 菜刀——英雄	20. 雨伞——巴士	

时间：　　　　　　　　成绩：

C

1. 老虎——球拍	2. 腰包——高尔夫球	3. 挂历——香烟
4. 鲨鱼——石山	5. 爸爸——油漆	6. 和尚——司令
7. 武林——戒指	8. 鳄鱼——司仪	9. 舞衣——螺丝
10. 扇儿——望远镜	11. 玉器——恶霸	12. 山麓——沙子
13. 汽车——鹦鹉	14. 石榴——溜溜板	15. 鸭子——妇女
16. 骑士——耳朵	17. 汽油——十字架	18. 拐杖——球衣
19. 手枪——拔河	20. 筷子——时钟	

时间：　　　　　　　　成绩：

2. 数字代码法练习

31415926535897932384 6264 3383 2795028
841971693993751058209749445923078164062
86208998628034825342117067982148086513

时间：　　　　　　　　成绩：

282306647093844609550582231725359408
128481117450284102701938521105559644622
94895493038196442881097566593344612847

时间：　　　　　　　　成绩：

756482337867831652712019091456485669
234603486104543266482133936072602491412
7 37245870066063155881748815209209628 29
254091715364367892590360011330530548820

时间：　　　　　　　　成绩：

466521384146951941511609433057270365
759591953092186117381932611793105118548
074462379962749567351885752724891227938
18301194912983367336244065664308602139

时间：　　　　　　　　成绩：

494639522473719070217986094370277053
921717629317675238467481846766940513200
056812714526356082778577134275778960917
363717872146844090122495343014654958537
105079227968925892354201995611212902

时间：　　　　　　　　成绩：

3. 定位记忆法练习

A. 购物清单

1. 啤酒　2. 钥匙　3. 奶粉　4. 纸巾　5. 鱼罐头
6. 红酒　7. 指甲钳　8. 豆浆　9. 麦包　10. 面粉

时间：　成绩：

B. 日程安排表

1. 喝药　2. 跑步　3. 打电话　4. 买书　5. 约客户
6. 打印　7. 发邮件　8. 买机票　9. 寄信　10. 接朋友

时间：　成绩：

C. 十二地支与十二生肖

1. 子——鼠　2. 丑——牛　3. 寅——虎
4. 卯——兔　5. 辰——龙　6. 巳——蛇
7. 午——马　8. 未——羊　9. 申——猴
10. 酉——鸡　11. 戌——狗　12. 亥——猪

时间：　成绩：

4. 替代记忆法练习

关雎

关关雎鸠，在河之洲。窈窕淑女，君子好逑。
参差荇菜，左右流之。窈窕淑女，寤寐求之。
求之不得，寤寐思服。悠哉悠哉，辗转反侧。
参差荇菜，左右采之。窈窕淑女，琴瑟友之。
参差荇菜，左右芼之。窈窕淑女，钟鼓乐之。

时间：　成绩：

记忆法练习

葛覃

葛之覃兮，施于中谷，维叶萋萋。黄鸟于飞，集于灌木，其鸣喈喈。
葛之覃兮，施于中谷，维叶莫莫。是刈是濩，为絺为绤，服之无斁。
言告师氏，言告言归。薄污我私，薄浣我衣。害浣害否，归宁父母。

时间：　　　　　　　　　　成绩：

卷耳

采采卷耳，不盈顷筐。嗟我怀人，置彼周行。
陟彼崔嵬，我马虺隤。我姑酌彼金罍，维以不永怀。
陟彼高冈，我马玄黄。我姑酌彼兕觥，维以不永伤。
陟彼砠矣，我马瘏矣，我仆痡矣，云何吁矣。

时间：　　　　　　　　　　成绩：

樛木

南有樛木，葛藟累之。乐只君子，福履绥之。
南有樛木，葛藟荒之。乐只君子，福履将之。
南有樛木，葛藟萦之。乐只君子，福履成之。

时间：　　　　　　　　　　成绩：

螽斯

螽斯羽，诜诜兮。宜尔子孙，振振兮。
螽斯羽，薨薨兮。宜尔子孙，绳绳兮。
螽斯羽，揖揖兮。宜尔子孙，蛰蛰兮。

时间：　　　　　　　　　　成绩：

桃夭

桃之夭夭，灼灼其华。之子于归，宜其室家。
桃之夭夭，有蕡其实。之子于归，宜其家室。
桃之夭夭，其叶蓁蓁。之子于归，宜其家人。

时间：　　　　　　　　　　成绩：

记忆法练习

兔罝

肃肃兔罝，椓之丁丁。赳赳武夫，公侯干城。
肃肃兔罝，施于中逵。赳赳武夫，公侯好仇。
肃肃兔罝，施于中林。赳赳武夫，公侯腹心。

时间：　　　　　　　　　　　　成绩：

芣苡

采采芣苡，薄言采之。采采芣苡，薄言有之。
采采芣苡，薄言掇之。采采芣苡，薄言捋之。
采采芣苡，薄言袺之。采采芣苡，薄言襭之。

时间：　　　　　　　　　　　　成绩：

汝坟

遵彼汝坟，伐其条枚。未见君子，惄如调饥。
遵彼汝坟，伐其条肄。既见君子，不我遐弃。
鲂鱼赪尾，王室如毁。虽则如毁，父母孔迩！

时间：　　　　　　　　　　　　成绩：

麟之趾

麟之趾，振振公子，于嗟麟兮。
麟之定，振振公姓，于嗟麟兮。
麟之角，振振公族，于嗟麟兮。

时间：　　　　　　　　　　　　成绩：

5. 人名记忆法练习

A

1. 李小妃	2. 王彬彬	3. 张廷贵	4. 刘字鹃
5. 陈桂冠	6. 杨萧中	7. 赵国安	8. 黄秉克
9. 周稔辉	10. 吴天葵		

时间：　　　　　　　　　　　　成绩：

B

1. 徐浩东	2. 孙小权	3. 胡冰	4. 朱丹丹
5. 高邵	6. 林琳	7. 薛碧静	8. 谢亭亭
9. 包旭阳	10. 赫敏	11. 方少晴	12. 杨富
13. 陈喧	14. 郝标	15. 程辉	16. 林保玲
17. 庄加波	18. 邓亚鹏	19. 刘保盟	20. 朱冠桦

时间： 成绩：

6. 扑克牌记忆法练习

（麻烦找扑克牌的图案，然后随机摆放，谢谢！）

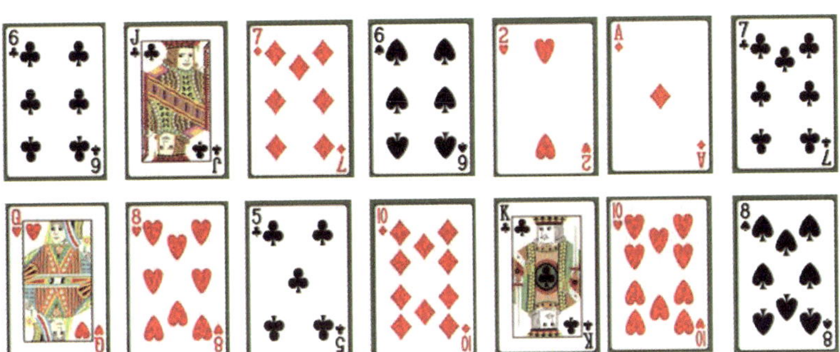

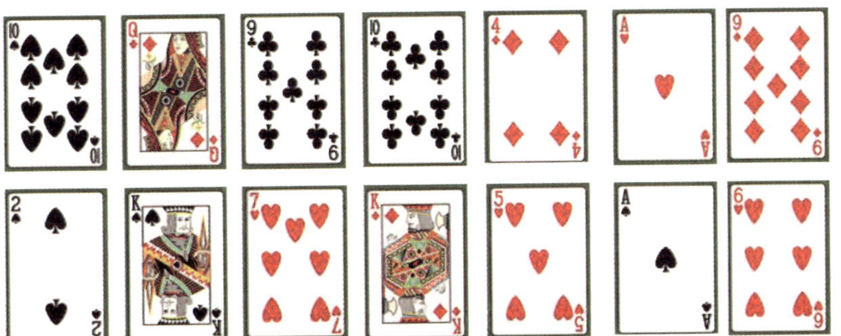

附录一

1~100 数字编码表

如前所述，将无意义的、抽象的信息意义化、形象化的主要途径就是通过代码转换，所以代码是快速记忆的秘密武器。数字代码就是通过象形、谐音、联想等转换方式把抽象的数字变成生动的图像。例如：01——象形转换，像一棵树；15——谐音，鹦鹉；61——联想“六一”，儿童的节日——儿童；等等。数字编码不仅可以帮我们记忆数字，还可以作为有顺序记忆桩来记忆其他信息。下面就是数字代码表：

数字	语言代码	数字	语言代码	数字	语言代码
01	大树	14	钥匙	27	耳机
02	铃儿	15	鹦鹉	28	恶霸
03	凳子	16	石榴	29	饿囚
04	汽车	17	仪器	30	三轮车
05	手套	18	腰包	31	鲨鱼
06	手枪	19	药酒	32	扇儿
07	锄头	20	香烟	33	星星
08	轮滑	21	鳄鱼	34	绅士
09	猫	22	双胞胎	35	山虎
10	棒球	23	和尚	36	山鹿
11	筷子	24	闹钟	37	山鸡
12	椅儿	25	二胡	38	妇女
13	医生	26	河流	39	山丘

数字	语言代码	数字	语言代码	数字	语言代码
40	司令	61	儿童	82	靶儿
41	蜥蜴	62	牛儿	83	宝扇
42	柿儿	63	流沙	84	巴士
43	石山	64	螺丝	85	宝物
44	蛇	65	尿壶	86	八路
45	师父	66	蝌蚪	87	白旗
46	饲料	67	油漆	88	爸爸
47	司机	68	喇叭	89	芭蕉
48	石板	69	八卦	90	酒瓶
49	湿狗	70	冰淇淋	91	球衣
50	武林	71	鸡翼	92	球儿
51	工人	72	企鹅	93	旧伞
52	鼓儿	73	西餐	94	酒师
53	乌纱	74	骑士	95	酒壶
54	巫师	75	西服	96	酒楼
55	火车	76	气流	97	旧旗
56	蜗牛	77	机器猫	98	球拍
57	武器	78	青蛙	99	舅舅
58	尾巴	79	气球	100	望远镜
59	蜈蚣	80	巴黎		
60	榴莲	81	白蚁		

附录二

记忆训练表

为什么要设定记忆训练表呢？快速记忆心智模式是训练出来的，而训练就要设定目标，列出计划，付出大量的努力，并在实践中总结出适合自己的训练方式。去买只秒表吧，复制这张表，现在就开始行动。训练扑克牌时以一副扑克牌为单位，训练数字时以 120 个数字为单位。训练并不需要大块儿的时间，灵活利用到生活中的零碎时间就可以完成。

扑克牌训练表				
日期	时间	次数	读牌秒数	记牌时间

扑克牌训练表				
日期	时间	次数	读牌秒数	记牌时间

扑克牌训练表				
日期	时间	次数	读牌秒数	记牌时间